中国核应急救援队理论培训系列教材

核应急准备

黄伟奇　朱继锋 / 主编

中国环境出版集团 · 北京

图书在版编目（CIP）数据

核应急准备/黄伟奇，朱继锋主编. —北京：中国环境出版集团，2021.9

中国核应急救援队理论培训系列教材 / 蒋志刚，王百荣主编

ISBN 978-7-5111-4773-8

Ⅰ. ①核… Ⅱ. ①黄… ②朱… Ⅲ. ①放射性事故—应急对策—中国—教材 Ⅳ. ①TL73

中国版本图书馆 CIP 数据核字（2021）第 122467 号

出 版 人 武德凯
责任编辑 田 怡
责任校对 任 丽
封面设计 彭 杉

出版发行 中国环境出版集团
（100062 北京市东城区广渠门内大街 16 号）
网 址：http：//www.cesp.com.cn
电子邮箱：bjg1@cesp.com.cn
联系电话：010-67112765（编辑管理部）
发行热线：010-67125803，010-67113405（传真）
印 刷 北京中科印刷有限公司
经 销 各地新华书店
版 次 2021 年 9 月第 1 版
印 次 2021 年 9 月第 1 次印刷
开 本 710×1000 1/16
印 张 13.5
字 数 186 千字
定 价 88.00 元

中国核应急救援队理论培训系列教材

编审委员会

《核应急准备》

编写人员

主　　编： 黄伟奇　　朱继锋

编写人员： 王永红　　来永芳　　王百荣　　吴江峰
袁　彪　　罗　霞　　李京辉

总 序

原子的发现和核能的开发利用给人类社会发展带来了新的动力，极大地增强了人类认识世界和改造世界的能力。核能的发展伴随着核安全风险和挑战。人类要更好地利用核能、实现更大的发展，必须创新核技术、确保核安全、做好核应急。核安全是核能事业持续健康发展的生命线，核应急是核能事业持续、健康发展的重要保障。

我国始终把核安全放在核能事业的首要位置，坚持总体国家安全观，倡导理性、协调、并进的核安全观，秉持为发展求安全、以安全促发展的理念，始终追求发展和安全两个目标的有机融合。我国核电机组运行业绩良好，迄今未发生国际核事件分级表（INES）2 级及以上的运行事件，运行指标普遍处于世界核电运营者协会（WANO）中值以上，核设施周边环境辐射水平处于正常范围，核电厂的核辐射安全处于受控状态。即便如此，核事故影响无国界，核应急管理无小事。我国作为负责任的大国，在总结三里岛核事故、切尔诺贝利核事故、福岛核事故教训的基础上，更加深刻地认识到核应急的极端重要性，持续加强和改进核应急准备与响应工作，不断提升核安全保障水平。2016 年 5 月，中国核应急救援队正式成立。作为国家核应急力量的重要组成部分，中国核应急救援队主要承担复杂条件下核电厂重特大核事故的抢险救援和紧急处置任务，以支援核电厂有效遏制事故、封控污染源头、减轻危害后果及搜救场内人员为主要目标，为核电厂营运单位和涉核集团、公司的救援力量提供强有力的支援；同时兼顾承担军地其他核设施、核装备发生重特大核事故及核恐怖袭击事件的应急处置和救援任务，并可参与国际核应急救援行动。

为了提高中国核应急救援队完成任务的能力，我国配套建立了救援队训练基地，包括理论教学训练基地、操作技能训练基地、事故场景模拟训练基地。其中，理论教学训练基地依托陆军防化学院，主要承担救援队骨干力量理论培训、局域网桌面推演以及国际交流等任务，同时担负国家赋予的其他培训任务。依据《中国核应急救援队理论教学基地教学大纲》，我们组织编写了核应急救援队理论培训系列教材。主要包括：

- 核应急辐射防护
- 核电技术及发展
- 核电厂安全与事故分析
- 核应急准备
- 核应急指挥
- 核事故后果评价与辅助决策
- 核应急辐射监测
- 核应急放射性去污
- 核应急医学救援
- 核事故应急案例分析
- 严重核电事故情景库
- 核应急演习

核应急救援队理论培训系列教材涉及核应急辐射防护、核电技术及发展、核电厂安全与事故分析、核应急准备等相关核应急专业基础知识，核应急指挥、核事故后果评价与辅助决策、核应急辐射监测、核应急放射性去污和核应急医学救援等核应急专业知识，以及核事故应急案例分析、严重核事故情景库、核应急演习等核应急综合应用的内容。本系列教材的编写目的是培养掌握核应急相关基础理论和核应急行动专业知识，具备良好核应急文化素养，能够胜任中国核应急救援队岗位的核应急骨干人才。

本系列教材既是中国核应急救援队理论培训教材，也可供核应急工作者参考。

由于时间仓促，涉及的内容广，加之编委会实践经验和认知水平有限，难免有错误或不当之处，衷心盼望有关专家和广大读者不吝赐教，提出宝贵意见，以便改正。

“中国核应急救援队理论培训系列教材”编委会

2021 年 6 月

前言

本书是中国核应急救援队理论培训教材的重要组成部分。狭义的核应急准备，是指为应对一旦发生的核事故而进行的准备工作，包括建立健全核应急法规体系、组织体系与核应急机制，制定应急预案，准备必要的应急设施、设备与物资，建立专业的应急力量，以及进行人员培训与演习等。

本书围绕上述核应急准备相关内容展开，共分 8 章：

第 1 章 核与辐射突发事件。主要介绍核事故与辐射事故的概念、分类、分级、危害特点与典型案例，以及核与辐射恐怖事件的可能情景、特点与类型。

第 2 章 应急状态分级与应急响应要求。主要介绍应急状态等级的划分、各级应急状态的基本特征与应急行动水平，以及核应急响应主要的行动类别、响应目标、基本原则与相应要求。

第 3 章 应急干预。主要介绍应急防护措施与社会心理干预、干预原则与水平，以及应急计划区。

第 4 章 核应急法规与组织体系。主要介绍我国核与辐射应急法规体系的层次，主要的国家法律、行政法规、部门规章、国家标准与国际公约，以及我国与世界主要核能发达国家的核应急组织体系。

第 5 章 核事故应急预案。主要介绍核事故应急预案的内涵、分类、内容与编制方法。

第 6 章 核应急设施设备与装备。主要介绍核电厂、省级、国家级核应急组织的主要应急设施设备，以及国内外主要核应急装备。

第 7 章 核应急专业力量。主要介绍美国、法国、日本、德国等世界主要核能发达国家的核应急力量，以及我国核应急力量构成。

第 8 章 核应急能力的保持。主要介绍核应急培训的目的、对象、内容、方法、组织与实施，以及核应急演习的概念、内涵、目的、类型、频次、组织与实施。

附录一为与核应急相关的名词术语。

本书既是中国核应急救援队理论培训教材，也可用于其他相关培训或为核应急工作者提供参考。

本书由黄伟奇、朱继锋主编，王永红、来永芳、王百荣、吴江峰、袁彪、罗霞、李京辉等同志参加编写。

由于时间紧、编者水平有限，书中难免有不妥之处，诚望广大读者提出宝贵意见，以便再版时加以修正。

编者

2021 年 9 月

目 录

第 1 章　核与辐射突发事件

根据《中华人民共和国突发事件应对法》，突发事件是指突然发生，造成或者可能造成严重社会危害，需要采取应急处置措施予以应对的自然灾害、事故灾难、公共卫生事件和社会安全事件。核与辐射突发事件属于突发事件的一种形式，结合历史上已经发生的核与辐射突发事件案例，核与辐射突发事件可以定义为突然发生，导致放射性物质释放或失控，造成或者可能造成的重大人员伤亡、财产损失、生态环境破坏和严重社会危害，危及公共安全的核与辐射紧急事件。核与辐射突发事件既可能是事故灾难，如核事故与辐射事故，也可能是社会安全事件，如核与辐射恐怖事件，还有可能是因自然灾害引起的次生核与辐射事故。

1.1　核事故

1.1.1　核事故的概念与分类

1.1.1.1　核事故的概念

在核能与核技术应用中，虽采取了一系列安全防护措施，但尚不能完全避免发生事故。根据《中华人民共和国核安全法》，所谓核事故，是指核设施内的核燃料、放射性产物、放射性废物或者运入运出核设施的核材料所发生的放射性、毒害性、爆炸性或者其他危害性事故，或者一系列事故。由于核电厂所需核燃料较多，运行后产生的放射性物质较多，可释放的热量也较大，一旦发生事故，造成的环境影响及放射性后果往往较严重。本书后续内容主要突出核电厂事故及其应急响应。

1.1.1.2　核事故的分类

国内外核事故发生的历史表明，各类核设施与相关活动都可能发生核事故。按核设施与核活动分类，核事故可分为核反应堆事故、核燃料循环设施事故、放射性废物管理设施事故、核材料临界事故、核武器事故、核潜艇事故等。

1.1.2　核事件分级

1.1.2.1　核事件分级背景

由于核与辐射是十分敏感的问题，一旦发生核与辐射事件，为了避免流言蜚语、误传误导、夸大、缩小、隐瞒等现象的发生，使公众和媒体及时而准确地了解真相，国际原子能机构（IAEA）在 1986 年主持制定了《及早通报核事故公约》，我国于 1986 年 9 月 26 日签署了该公约。

核与辐射事件是十分复杂的，如果使用专业性的术语进行通报，缺少专业知识的公众和媒体很难理解其所达到的程度，这就需要有一种易于理解的、统一的术语向公众和媒体通报核设施所发生事故的严重程度，以取得核工业界、新闻界和公众对事故的共同理解。为此，IAEA 和联合国经济合作与发展组织核能机构（OECD /NEA）共同组织国际核能专家编制了国际核事件分级表（INES），并于 1991 年 4 月使用。通过国际核事件分级表为核与辐射事件分级，类似里氏地震分级表用于为地震分级，公众不需要良好的技术背景，就可以很好地理解地震级别对应的大致后果。为使我国的民用核事件定级工作与国际接轨，我国也正式使用国际核事件分级表。2008 年，国际核事件分级表更名为国际核与辐射事件分级表，分级表的内容也进行了修订。目前，国际核与辐射事件分级表（INES）在全世界近 80 个国家使用。

1.1.2.2　国际核与辐射事件分级表的主要内容

（1）范围

国际核与辐射事件分级表涵盖核电厂及与民用核工业相关的所有设施，放射性材料运输以及与放射性材料（或辐射）有关的任何事件。它不对工业事故或其他与核（或放射性）作业无关的事件进行分级，这些与核无关的事件被定为“分级表以外”的事件。例如，汽轮机主轴振动、发电机定子绕组短路等只影响汽轮机和发电机可用性的故障，尽管是可能引起停机的事故，但因为不涉及核安全，仍被归类为“分级表以外”的事件。同样，核设施发生的火灾事故，只要不涉及核安全，也被归类为“分级表以外”的事件。需要注意的是，国际核与辐射事件分级表只用于应急响应期间与媒体和公众的沟通，不能用于应急响应，不能作为应急响应的基础。

（2）分级方法

分级表将核事件分为七级：较高的级别（4～7 级）被定为“事故”；较低的级别（1～3 级）被定为“事件”。不具有安全意义的事件被归类为分级表以下的 0 级，定为“偏离”。分级表采用带有易于理解和记忆的关键词形式，所使用的关键词并不刻意追求精确或权威。事件根据每栏中列出的三个方面影响进行考虑：厂外影响、厂内影响和对纵深防御的影响。分级表的级别、分级准则和事件实例见表 1-1。

表 1-1　国际核与辐射事件分级

级别	描述	分级准则			实例
		人和环境	设施的放射性屏障和控制	纵深防御	
7	特大事故，或极严重事故	一放射性物质大量释放，具有大范围健康和环境影响，要求实施计划的长期措施			1986 年苏联切尔诺贝利核事故 2011 年日本福岛核事故

续表

级别	描述	分级准则			实例
		人和环境	设施的放射性屏障和控制	纵深防御	
6	重大事故，或严重事故	—放射性物质明显释放，可能要求实施计划的相应措施			1957 年苏联南乌拉尔核废料储存库事故
5	具有厂外影响的事故	—放射性物质有限释放，可能要求实施部分计划的相应措施 —辐射造成一些人死亡	—反应堆堆芯受到严重损坏 —放射性物质在装置范围内大量释放，公众受到明显照射的概率大。其发生原因可能是重大临界事故或火灾		1957 年英国温茨凯尔事故 1979 年美国三里岛核事故 1999 年日本 JCO 辐射事故
4	没有明显厂外影响的事故	—放射性物质少量释放，除需要局部采取食物控制外，不太可能要求实施计划的相应措施 —至少有 1 人死于辐射	—燃料熔化或损坏造成堆芯放射性物质总量释放超过 0.1% —放射性物质在装置范围内明显释放，公众受到明显照射的概率大		1980 年法国圣朗事故
3	重大事件	—照射量超过工作人员法定年限值的 10 倍 —辐射造成非致命确定性健康效应（如烧伤）	—运行区中的照射剂量率超过 1 Sv/h —设计中预期之外的区内严重污染，公众受到明显照射的概率小	—核电厂接近发生事故，安全措施全部失效 —高放密封源丢失或被盗 —高放密封源错误交付，并且没有准备好适当的辐射程序来进行处理	1989 年西班牙范德路斯事故

续表

级别	描述	分级准则			实例
		人和环境	设施的放射性屏障和控制	纵深防御	
2	事件	—一名公众成员的照射量超过 10 mSv —一名工作人员的照射量超过法定年限值	—运行区中的辐射水平超过 50 mSv/h —设计预期之外区内的设施受到明显污染	—安全措施明显失效，但无实际后果 —发现高放密封“孤儿”源、装置或运输货包，但安全措施保持完好 —高放密封源包装不适当	—
1	异常	—	—	—一名公众成员受到过量照射，超过法定限值 —安全部件发生少量问题，但纵深防御仍然有效 —低放放射源、装置或运输货包丢失或被盗	—
0	偏离	安全上没有意义		低于 1 级的事件	—

1.1.3　核电厂事故

1.1.3.1　核电厂的状态

核电厂有运行状态和事故工况（或事故状态）两种状态。运行状态是正常运行和预计运行事件两类状态的统称。事故工况是指偏离正常运行，比预计运行事件发生频率低但更严重的工况。事故工况包括设计基准事故和设计扩展工况。核电厂状态见表 1-2。

表 1-2　核电厂的状态

<table>
<tr><th colspan="2">运行状态</th><th colspan="3">事故工况</th></tr>
<tr><td rowspan="2">正常运行</td><td rowspan="2">预计运行事件</td><td rowspan="2">设计基准事故</td><td colspan="2">设计扩展工况</td></tr>
<tr><td>没有造成堆芯明显损伤</td><td>堆芯熔化（严重事故）</td></tr>
</table>

正常运行，是指核电厂在规定运行限值和条件范围内的运行，包括停堆状态、功率运行、停堆过程、启动过程、维护、试验和换料。在正常运行工况下，系统状态参数变化不会触发安全系统动作。

预计运行事件，或称中等频率事件，是指在核电厂运行寿期内预计出现一次或数次偏离正常运行的各种运行过程。由于设计时已采取了适当的措施，这类事件不会使安全重要物项出现明显损坏，也不会导致事故工况。在发生这类事件情况下，当核电厂的运行参数达到规定限值时，保护系统应能关闭反应堆，但在进行了必需的校正动作后，反应堆可重新投入运行。预计运行事件下燃料元件包壳表面不发生偏离泡核沸腾，放射性释放低于正常运行限值。

设计基准事故，是指导致核动力厂事故工况的假设事故，这些事故的放射性物质释放量在可接受限值以内，核动力厂是按确定的设计准则和保守的方法来设计的。

设计扩展工况，是指不在设计基准事故考虑范围的事故工况，在设计过程中应该按最佳估算方法加以考虑，并且该事故工况的放射性物质释放量在可接受限值以内。设计扩展工况包括没有造成堆芯明显损伤的工况和堆芯熔化（严重事故）工况。

严重事故，是指核反应堆堆芯大面积燃料包壳失效，威胁或破坏核电厂压力容器或安全壳的完整性，并引发放射性物质泄漏的一系列过程。现有核电厂基于纵深防御思想，设置了多道屏障及专设安全设施，采取了严格质量管理和操纵员选拔培训制度，同时，核电厂选址也有严格要求，因而核电厂抵御外来灾害和内部事件的能力较强。只有在连续发生多重故障，包括操纵员失误，使核电厂长期失去热阱，或受巨大自然灾害影响，才会导致严重事故。严重核事故是造成堆芯严重损坏的超设计基准事故。严重核事故的发生频率虽然低，但并不是不可能发生的。截至 2020 年年底，世界商用核电厂积累有超过 18 000/（堆·a）的运行历史，其间发生过三次严重事故（三里岛事故、切尔诺贝利事故和福岛核事故，共 5 个反应堆发生堆芯熔化或解体），发生频率达到约 2.8×10^{-4} 次/（堆·a）。从一些分析工作也得出，有的核电厂发生严重事故的频率大于 10^{-4} 次/（堆·a），比各个核电发展国家希望达到的 10^{-5}～10^{-6} 次/（堆·a）的频率要大得多。这说明，单纯考虑设计基准事故，不考虑严重事故的防止和缓解，不足以确保工作人员、公众和环境的安全。因此，认真研究严重事故，采取对策来防止严重事故的发生和缓解严重事故的后果，十分必要。

1.1.3.2　核电厂严重事故

（1）严重事故的始发事件

研究分析发现，导致堆芯严重损坏的主要初因事件与核电厂的设计特征有十分密切的关系。但归纳起来，对于压水堆而言，共同的主要初因事件大致是：①失水事故后应急堆芯失去冷却功能；②失水事故后应急堆芯失去再循环功能；③全厂断电后未能及时恢复供电；④一回路系统与其他系统接合部发生失水事故；⑤蒸汽发生器传热管破裂后减压失败；⑥失去公用水或失去设备冷却水。初因事件中如考虑外部事件，还应加上地震、水淹（如海啸、洪水等）和火灾。初因事件分析表明，可能导致堆芯严重损坏的主要初因事件并不多，因此，便于进一步考虑设计改进或事故预防。

（2）严重事故的分类

一般来说，核反应堆的严重事故可以分为两大类：一类为堆芯熔化事故；另一类为堆芯解体事故。堆芯熔化事故是由于堆芯冷却不充分，引起堆芯裸露、升温和熔化的过程，其发展较为缓慢，时间尺度为小时量级，如美国三里岛核事故和日本福岛核事故。堆芯解体事故是由于快速引入巨大的反应性，引起功率陡增和燃料碎裂的过程，其发展过程非常迅速，时间尺度为秒这一量级，如苏联切尔诺贝利核事故。就轻水反应堆而言，由于其固有的反应性、负温度反馈特性和专设安全设施，发生堆芯解体事故的可能性极小。

从轻水反应堆的堆芯熔化过程来看，熔堆大体上可以分为高压熔堆和低压熔堆两大类。低压熔堆过程以快速泄压的大、中破口失水事故为先导，若应急堆芯冷却系统的注射功能或再循环功能失效，不久堆芯开始裸露和熔化，锆合金包壳与水蒸气反应产生大量氢气。堆芯水位下降到下栅格板以后，堆芯支撑结构失效，熔融堆芯跌入下腔室水中，产生大量蒸汽，之后压力容器在低压下熔穿，熔融堆芯落入堆坑，开始烧蚀地基混凝土，向安全壳内释放出氢气、二氧化碳、一氧化碳等不凝气体。此后安全壳有两种可能损坏的方式：一是因不凝气体持续聚集造成超压，导致安全壳破裂或贯穿件失效；二是熔融堆芯烧穿地基。

高压熔堆过程往往以堆芯冷却不足为先导事件，其中主要是失去二次热阱事件，小破口失水事故也属于这一类。与低压熔堆过程相比，高压熔堆过程有如下特点：①高压堆芯熔化过程进展相对较慢，约为小时量级，因而有比较充裕的干预时间；②燃料损伤过程是随堆芯水位缓慢下降而逐步发展的，对于裂变产物的释放而言，高压过程是“湿环境”，气溶胶离开压力容器前有比较明显的水洗效果；③压力容器下封头失效时刻的压力差，使高压过程后堆芯熔融物的分布范围比低压过程更大，并有可能造成安全壳内大气的直接加热。因而，高压熔堆具有更大的潜在威胁。

（3）堆芯熔化过程

轻水堆严重事故发展过程如图 1-1 所示，图中描述的事件次序假设了安全系统的基本故障。

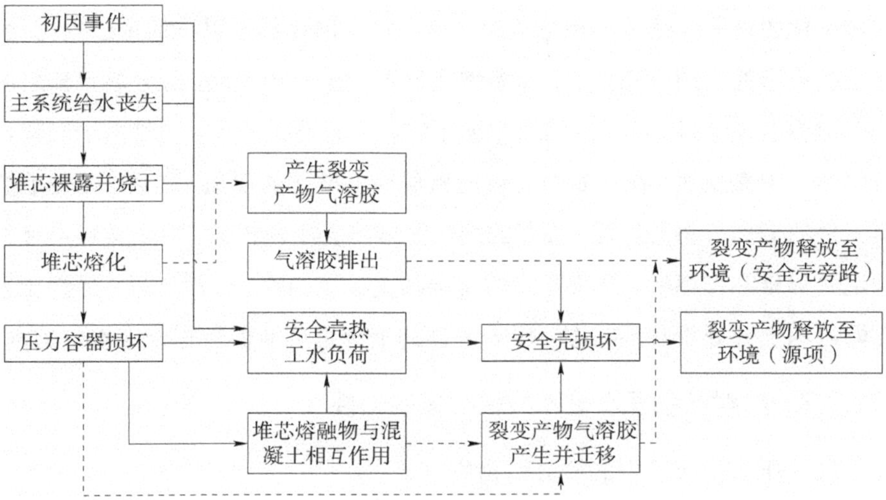

图 1-1　严重事故发展事件次序

在轻水堆的失水事故期间，如果冷却剂丧失并导致堆芯裸露，燃料元件由于冷却不足而过热并发生熔化。当主冷却剂系统管道发生破裂时，高压将迫使冷却剂流出反应堆压力容器。这种过程通常称为喷放。

对大破口来说，喷放非常迅速，只要 1 分多钟，堆芯就将裸露。在大多数设计基准事故的计算中，一个重要的问题是在堆芯温度处于极度危险之前应急堆芯冷却系统是否能再淹没堆芯。对于小破口来说，喷放是很慢的，并且喷放将伴随有水的蒸干。在瞬态过程中（如一次全厂断电），蒸干和通过泄压阀的蒸汽释放将导致冷却剂装量的损失。

在堆芯裸露后，燃料中的衰变热将引起燃料元件温度上升。由于燃料棒与蒸汽之间的传热性能较差，此时燃料元件的温度上升较快，如果主系统压力上升就会导致包壳肿胀。包壳肿胀会导致燃料元件之间冷却剂流道的阻塞，这将进一步阻碍燃料元件的冷却。在这种情况下，堆芯和堆内构件之间的辐射换热成为冷却堆芯的主要传热机理。

如果燃料温度持续上升并超过 1 027℃，则锆合金包壳开始与水或水蒸气相互作用，引发一种强烈的氧化放热反应。当燃料温度继续增加到约 1 127℃时，堆芯材料开始熔化。熔化的过程非常复杂，且发生很快。当燃料棒熔化的微滴和熔流初步形成时，它们将在熔化部位以下的范围内固化，并引起流道的流通面积减少，随着熔化过程的进一步发展，部分燃料棒之间的流道将会被堵塞。流道的堵塞加剧了燃料元件冷却不足，同时由于燃料本身仍然产生衰变热，在堆芯处有可能出现局部熔透的现象。之后，熔化的燃料元件的上部分将会坍塌，堆芯的熔化区域将会不断扩大。熔化材料最终将到达底部堆芯支撑板，然后开始熔化堆芯支撑板构件。一般来说，尽管压力容器内的上部处于高温状态，压力容器的下部仍可能保留有一定水位的水。

1.1.3.3 放射性物质及核事故辐射场的特性

（1）压水反应堆中的放射性物质

根据反应堆的类型、所采用核燃料种类、反应堆的功率以及反应堆的运行时间等不同，反应堆内放射性核素的种类和含量也有所不同。放射性核素的主要来源是核裂变产物、锕系元素（铀-238 俘获中子后形成的超铀元素）和中子活化物质。

① 裂变产物

裂变产物是重核裂变过程产生的子体，裂变产物中包括近 40 种元素，约 200 种不同的核素。质量数为 85～105 及 130～150 的核素产额较高。绝大部分核素是放射性的，衰变子核也往往是放射性的。运行一段时间以后，堆内存在的核素将达上千种。反应堆中任意运行历史任意时刻的裂变产物成分和数量，可用 ORIGEN 等专门的软件进行计算，这些软件还能给出锕系元素的量和衰变数据。

裂变产物活度可以运用简便的公式估算，若辐照时间远长于某裂变产物的半衰期，则该产物的活度可达到平衡态，此时可用公式 $A=310YP$ 来计算，其中 A 为活度，单位是 10^{12} Bq，Y 为核素的裂变产额（百分比），P 为堆功率，单位为 MW，这一公式可用于估算如 ^{133}Xe、^{131}I 等重要核素的活度。若核素半衰期明显长于照射时间，则其活度将随时间线性增长，此时可用公式 $A=210YtP/T_{1/2}$ 计算，其中 t 为照射时间，$T_{1/2}$ 为半衰期，单位均为 s。

这两个公式对 ^{90}Sr 和 ^{137}Cs 这两种重要核素的计算是基本正确的。

从核事故的角度来说，事故后果评价考虑的是最终向环境释放的核素，向环境释放过程包括穿透燃料包壳、主系统压力边界和安全壳等过程。因此，比较重要的核素是产额较高、半衰期中等、辐射生物学效应比较明显的气态或易挥发的核素。后果分析所关心的主要核素只有十几种，其特征见表 1-3。

表 1-3　主要裂变产物特征

核素		半衰期	每兆瓦活度/（10^{12} Bq/MW）	辐射类型
惰性气体	^{85}Kr	10.8 a	7.1	β，γ
	^{85a}Kr	4.4 h	350	β，γ
	^{88}Kr	2.8 h	830	β，γ
	^{133}Xe	5.3 d	1 940	β，γ
	^{135}Xe	9.2 h	410	β，γ
挥发性核素	^{131}I	8.1 d	940	β，γ
	^{132}I	2.3 h	1 400	β，γ
	^{133}I	21 h	1 900	β，γ
	^{135}I	6.7 h	1 800	β，γ
	^{132}Te	3.3 d	1 400	β，γ
	^{134}Cs	2.1 a	140	β，γ
	^{137}Cs	30.1 a	70	β，γ
其他核素	^{90}Sr	30.2 a	52	β
	^{106}Ru	1.0 a	310	β
	^{140}Ba	12.8 d	1 800	β，γ
	^{144}Ce	284 d	990	β，γ

碘的同位素发射高能 β 和 γ 射线，对烟云外照射贡献较大。同时碘易

于积累在甲状腺内造成该器官的内照射。关键的碘同位素是 ^{131}I，其释放量一直被用作度量核事故严重程度的标准。

② 锕系元素

锕系元素是 ^{238}U 连续俘获中子所形成的超铀元素，重要的锕系元素包括 ^{238}Pu、^{239}Pu、^{240}Pu、^{241}Pu、^{242}Pu、^{242}Cm、^{244}Cm。它们发射 α 射线和低能 γ 射线，一般来说，锕系元素不造成外照射，也不会在食物中富集，因为其溶解度较低，主要的健康风险是吸入悬浮在空气中的气溶胶及微尘。由于其半衰期极长（除 ^{242}Cm 半衰期较短为 0.45 a，其余均在 11 a 以上），有时要考虑它们的长期环境影响。

③ 中子活化产物

主系统结构材料和主冷却剂原子吸收中子后可以形成活化核素，以溶解态或悬浮态存在于主冷却剂中的腐蚀产物经过堆芯时也会被活化。活化产物种类较多，性质差异也较大，一般来说，它们都是比较轻的核，不产生衰变子核，辐射危险也比裂变产物轻些。重要的活化产物包括 ^{13}N、^{16}N、^{18}F、^{20}F、^{19}O、^{24}Na、^{51}Cr、^{54}Mn、^{56}Mn。

在反应堆正常运行时，除燃料芯块表面附近产生的外，绝大部分裂变碎片都将包容在芯块中（98%以上），燃料元件棒可能有极少量（1%以下）的包壳破损，有少量放射性物质进入冷却剂。

（2）核事故辐射场的特点

与核爆炸辐射场相比，核事故释放出的放射性物质中短寿命放射性核素所占的份额要小得多，因为反应堆中的裂变产物有一定时间的积存；此外，与核爆炸相比，核事故释放的热抬升要小得多，所以放射性烟羽多滞留在低空（几百米至千余米），而几万吨级地面核爆炸烟云高达数千米至万余米；核事故造成的辐射场，其放射性物质受沉降因素、气象条件、地形参数等的影响，实际形成的辐射场是极不均匀的，多呈大小不等的热点分布。

1.1.3.4　核电厂严重核事故的基本特征

根据对已经发生的一些核事故的深入分析，大型核设施（主要是核电厂）发生事故且有大量放射性物质向环境中释放时，表现出某些特点，了解这些特点，是发生事故时实施应急救援的重要依据。一般说来，大型核设施发生严重核事故时具有下述基本特征。

（1）核事故属于低概率事故

核工业发生严重核事故的概率是极小的。在半个多世纪的核电发展历程中，全世界仅发生过 2 次 INES 7 级核事故。我国大陆核电机组运行已达近 400/（堆・a），核设施、核活动始终保持安全稳定状态，从未发生过 INES 2 级以上的事件和事故，目前所有核电厂都能满足每堆年发生堆芯严重损伤的概率小于万分之一（10^{-4}），每堆年发生大量早期放射性物质释放的概率小于十万分之一（10^{-5}）；对于新建核电厂则满足更严格的概率安全要求。

但是，应引起重视的是，小概率并不意味着不会发生。切尔诺贝利核事故和福岛核事故，恰恰都是在基于当时安全分析结论发生大规模释放事故概率极小的前提下实际发生的，而且小概率事故一旦发生，造成的后果也是非常严重的，影响也非常深远。这种从概率论角度分析得到的发生概率极小的事故仍然会发生的内在原因很复杂。其中有一个原因，是核电概率安全分析技术本身的局限性。很多科学认知和基础数据实际上是有一定局限性的，而这些科学认知和基础数据是概率安全分析的基础，科学认知和基础数据本身是在不断发展和完善的。

严重核事故发生的概率虽然很小，但是有针对性地开展科学合理的核应急准备工作，是非常必要和重要的，甚至是影响核工业能否持续顺利发展的决定性因素。

（2）严重事故初因多样、过程复杂，但呈现结果趋于一致

历史上已经发生的严重核事故原因表明，导致核事故发生，并最终趋于严重的初始原因有很多，或因设备出现故障，或因人员决策或操作失误，或

因设计固有缺陷，或因不可抗拒的自然灾害。且这些原因具有多样性、偶然性和共发性。

严重事故发生的过程是一个多成分（燃料、包壳、冷却剂、H_2）、多相态（固态燃料和结构材料、液态熔融物、液态冷却剂、蒸汽、不可凝气体）、多物理场的复杂耦合过程，同时严重事故过程还具有较大的不确定性，如堆芯再淹没过程可能终止事故的进一步发展，也可能加速堆芯熔化，这取决于堆芯损坏状态和注水时间等因素。

从压水反应堆严重事故的发生序列上来看，总体上可分为堆内事故序列和堆外事故序列。堆内事故序列主要包括堆芯过热、锆水反应、包壳和燃料芯块熔化、堆芯熔融物流动和再分布、堆芯碎片床的形成和冷却、一回路系统内裂变产物释放、气溶胶形成与扩散、压力容器下封头内熔融池形成。堆外事故序列主要包括压力容器失效后熔融物在堆腔内的再分布、燃料冷却剂相互作用、熔融物与混凝土反应、蒸汽爆炸、氢气爆炸、安全壳失效及裂变产物释放、气溶胶的形成与扩散。总之，一旦因初因导致事故趋于严重，且没有采取较好的缓解措施，就可能发生压力容器完整性被破坏、化学爆炸、安全壳失效的情况，最终导致大量放射性物质释放到环境。

（3）事故发展迅速，全过程大体可分三阶段

根据事故的发展过程，基于制订应急计划及采取相应的防护措施可将核事故全程分为早期、中期和后期（晚期）三个相继的阶段，由于各阶段特点和主要辐射来源及照射途径不同，需采取的对策也不全相同。

早期指从有严重的放射性物质释放的先兆，即确认有可能使厂区外公众受照射时起，到释放开始后的最初几小时。在事故早期，确定为减少公众受照剂量要采取什么样的措施，主要根据事先预计的事故发展过程及核设施的具体情况。但此时面临的最大困难在于事先预计出的事故发展过程和气象条件的变化，以及源项不够清楚。因此在事故早期阶段，应尽可能获得有关放射性物质释放的资料、数据和环境监测的初步结果，这有助于做出是否采取措施的决定。但由于放射性物质释放速度、气象条件和其他未知因素

的变化，对事态的未来发展预测，可能仍无把握。

中期指从放射性物质开始释放后的最初几小时到 1 天或几天。一般认为，此时从核设施可能释放的放射性物质大部分已进入大气，且主要部分已沉积于地面，除非释放出的仅是放射性惰性气体。放射性物质由释放点到照射点的输运时间，受风速和释放高度等多种因素影响，但在一般情况下，输运到 8 km 需 0.5～2 h，输运到 16 km 需 1～4 h。放射性物质可持续释放 0.5 h 到 1 d 或更长。切尔诺贝利核事故，因发生爆炸和大火，不是一次放射性物质急性释放事故，整个释放过程长达 10 d。在事故中期，已获得环境监测结果，依据监测数据，可确定主要照射途径的预计剂量。将预计剂量与事先规定的干预水平比较，就可确定应采取的防护措施。

后期也称晚期。此期间可能持续较长时间，由事故后的几周到几年甚至更长，这取决于释放特点和释放量，但并非指对核设施进行修复的那段时间。在此时期，需要做出恢复正常生活的决定。撤销早期和中期已实施的防护措施，其依据是放射性污染水平已明显降低，公众的受照剂量达到尽可能低的水平。这种降低是通过放射性核素衰变、风吹雨淋和有计划去除污染三者的综合作用。此阶段也可能仍需采取措施进一步降低建筑物、地面和农田等的污染水平；还可能继续限制农业生产和在某些地区或建筑物内居住，以及限制使用来自某些污染区的食物等。

除上述阶段划分外，IAEA 还将应急阶段分为应急响应阶段和过渡阶段，应急响应阶段又分为紧急响应阶段（典型的为几小时到几天）和早期响应阶段（几天到几周）；过渡阶段一般为几天到 1 年。

（4）放射性物质可有多种释放方式和照射途径

核反应堆发生事故主要通过两种方式向环境释放放射性物质，即向大气环境的事故释放和向水环境的事故释放。其中向大气环境的事故释放往往是其主要的释放方式。放射性核素向大气环境释放与其物理特性密切相关，其中最容易向大气释放的是气态物质，其次为挥发性物质和不挥发的固体。从事故应急的角度来看，主要关心的核素是组成份额相对较高、气态或易挥发、具有一定半衰期、对人体毒害作用较大的放射性核素。在事故早期主要是惰性气体和碘，在晚期主要是 ^{137}Cs 等长寿命裂变核素。

就事故引起的大气释放而言，最重要的照射途径主要有烟羽外照射、吸入内照射、地面沉积外照射和食入内照射。烟羽外照射指直接由烟羽中放射性物质（如惰性气体、碘和其他颗粒状裂变产物）产生的外照射，有时也称烟云浸没外照射；吸入内照射指吸入烟羽中放射性物质产生的内照射；地面沉积外照射指由沉积于土壤、地面、道路等表面的放射性物质产生的外照射；食入内照射指摄入被放射性物质污染的食物和水而产生的内照射。除上述途径外，比较重要的照射途径还有吸入由沉积放射性物质再悬浮产生的内照射及沉积于皮肤、衣服等表面的放射性物质产生的外照射。在大型核设施有放射性物质释放的早期，主要是烟羽外照射及吸入内照射；事故中期，地面沉积外照射，还有食入内照射，可能是主要照射途径；事故后期的主要照射途径，可能是食入内照射。

1.1.3.5 严重核事故的危害特点

（1）影响范围广

在严重核事故发生后，释放出的放射性物质随大气扩散，会造成大范围的污染。在放射性物质释放过程中，由于其主要通过大气传播，加上风向、气候等因素的影响，往往难以控制。当放射性尘埃落定后，对岩石、水体、土壤、植被、生物等都会产生一系列不同程度的影响，而且还会通过生物链形成交叉辐射，影响范围广，后果复杂，难以彻底清除。

例如，切尔诺贝利核事故后，由于持续 10 多天的释放及气象变化等因素，事故释放的放射性物质在大气中广泛扩散，最后沉降在地球表面，在整个北半球都可测到，大多数放射性物质沉降到切尔诺贝利周围地区。白俄罗斯、俄罗斯和乌克兰国内 ^{137}Cs 的放射性活度超过 185 kBq/m^2 的地区面积分别为 16 500 km^2、4 600 km^2、8 100 km^2。

福岛核事故发生后，造成日本福岛附近严重的空气污染，这些泄漏的放射性物质随大气环流在北半球地区广泛扩散。美国、加拿大、冰岛、瑞典、英国、法国、俄罗斯、韩国、中国和菲律宾等国在空气中均检测到放射性 ^{131}I、^{137}Cs 和 ^{134}Cs 等。部分国家在饮用水、牛奶和蔬菜中也检测到放射性 ^{131}I、^{137}Cs 等。此外，福岛核事故还造成海水的放射性污染。2011 年 4 月 1—6 日，2 号机发生废水泄漏事故，造成约 520 m^3 的污染物、4.7×10^{15} Bq 的放射性物质排入海洋；4 月 4—10 日，紧急排放低浓度污染水约 10 393 m^3，放射性物质约 1.5×10^{11} Bq。此外，5 月 10—15 日，3 号机发生废水泄漏事故，造成约 250 m^3 的污染物、2.0×10^{13} Bq 的放射性物质排入海洋。

（2）受照人员多

据估算，在切尔诺贝利核事故撤离的人员中，约 10%的人员受照剂量超过 50 mSv，约 5%的人员受照剂量超过 120 mSv。一直生活在污染区的公众，估算其总的待积剂量（1986—2056 年）平均为 80～160 mSv。除苏联外，位于北半球的其他国家，事故后第一年的最高平均剂量为 0.8 mSv。1986—1987 年参与事故救援的 20 万人中，人均受照剂量为 100 mSv，10%的人超过 250 mSv，不超过 10%的人超过 500 mSv，数十名最初参与救援的人员因受致死照射剂量而死亡。事故还导致儿童甲状腺癌发病率增高，数千名儿童患上甲状腺癌。在事故后进行的几项重要调查表明，切尔诺贝利核事故还导致受影响人群出现恐惧、抑郁、焦虑、失望等心理紊乱症状。

相比切尔诺贝利核事故，福岛核事故的受照人数，尤其是公众人员受照人数少很多。2011 年 3 月—2012 年 4 月，东京电力及其他相关公司参与本次收尾工作的员工人数分别为 3 417 人和 18 217 人。其中东电公司有 6 人超过紧急作业放射性工作上限标准（250 mSv），共计 167 人受照剂量超过 100 mSv，平均个人的照射量分别为东电公司 24.77 mSv、其他公司 9.53 mSv。

（3）作用时间长

核事故影响时间较长，是因为某些放射性核素（如 ^{90}Sr、^{137}Cs、^{239}Pu 等）的寿命长；同时，辐射的远期效应，特别是致癌和遗传效应，要进行数十年甚至终生观察才能做出科学评价。因而核反应堆严重事故的善后处理，非短时间内可结束，有时需几年、几十年甚至更长。切尔诺贝利核事故发生至今共 35 年，其周围 30 km 仍为控制区，无关人员不得入内。

（4）可造成较大的社会和心理影响

严重的核辐射不仅可能引起受照者近期的身体损伤，还可能具有远期效应，即可能引发癌症或对后代产生遗传影响。这是影响公众心理的关键性因素，从而造成公众心理紊乱、焦虑、恐慌，继而引发不良的社会行为。其危害或许比辐射本身导致的直接后果更为严重。切尔诺贝利核事故发生后，因社会心理影响，半数以上人员有害怕心理，许多人出现精神、消化及泌尿等系统紊乱，很多人出现了射线恐怖症。由于害怕摄入放射性物质，限制饮食过严，引起营养不良及健康状况恶化，反过来又归咎于辐射影响；中心地区人员中，约 10%自发逃离，有些人无计划地四处投奔亲友，大量人员抢购火车票和飞机票，造成交通拥挤及社会混乱。福岛核事故同样引起很多人的不安与担忧，位于事故发生区的人们纷纷往外撤离，社会上产生了大量谣言，大量外国人选择暂时离开日本，各地出现抢购潮，扰乱了市场秩序。在日本京都地区，人们由于担心放射性物质会被雨水携带危害皮肤，雨伞脱销，出现了“一伞难求”的状况。福岛核事故还造成我国出现“抢盐”风波。总之，核事故的社会心理效应，使正常的生产及生活秩序受到严重破坏。

（5）可造成重大经济损失

切尔诺贝利核事故所造成的损失，按事故期间价格估计，高达 2 000 亿卢布。福岛核事故的发生，对日本国内经济的打击也十分严重。一是直接影响制造业。由于其数座核电站发生核泄漏事件，造成日本东北部地区电力供应紧张，钢板生产企业，本田、丰田等汽车巨头，索尼等电子厂商均不同程度地停产或限产，日本的保险、金融担保机构也遭到巨大损失，其间接损失更是难以估计。二是影响农副产品出口。此次地震、海啸和核辐射的重灾区是日本的农副业生产基地，其水稻、猪肉、蛋鸡、蔬菜等农副产品产量占日本国内产量的 20%以上。海啸冲毁了大量的农田，造成了农产品供应的短缺，而福岛核事故放射性物质的泄漏，使农产品受到污染，导致至少 25 个国家或地区全面或部分限制从日本进口农副产品。三是影响旅游业。日本旅游资源虽多集中于东京、大阪、名古屋、北海道等中南或西北部地区，地震及海啸造成的直接损害不大，但出于对核辐射的担忧，前往日本旅游的人数一度大幅减少。

1.1.4　典型核事故案例

核事故类型多样，发生的原因、特点及后果等也各不相同。以下对国外曾发生过的几起典型核事故实例做简要介绍。具体内容详见《核事故应急案例分析》。

1.1.4.1　美国三里岛核事故

美国三里岛核电站位于宾夕法尼亚州的首府，核电站有两座压水型核反应堆，其中 2 号堆运行不到一年，电功率为 880 MW，堆内装有 37 000 根二氧化铀锆包壳元件，堆芯封装在高 12.4 m、内径 4.31 m、壁厚 21.4 cm 的压力壳内，钢壳和一回路的主要设备均包容在混凝土安全壳内。1979 年 3 月 28 日凌晨，2 号堆以 98%的功率运行，4 时左右二回路除盐装置的阀门发生故障，主给水泵和汽轮机停运，辅助给水泵自动开启，但因出水阀门在检修时忘记打开，辅助泵并未将水注入蒸汽发生器的二回路内，致使二次侧水很快烧干，堆芯失去冷却功能，一回路的温度及压力升高，超过额定值后，反应堆安全控制棒自动落入堆芯，反应堆停止运行。但由于堆芯内放射性核素衰变继续产生热量，温度和压力继续上升，与此同时稳压器内卸压阀自动开启向卸压箱排放一回路水，一回路压力下降。因电磁卸压阀失灵，卸压后不能返座，一回路水继续进入卸压箱，导致堆芯失水。事故发生后 2 min 左右，反应堆堆芯安注系统自动向堆内注入高硼水，此时指示系统给出“满水”信号，操作人员误认为堆内有水，错误地关闭了紧急制冷系统的高压注入泵。在一回路水外泄又得不到补充的情况下，堆内水量逐渐减少，堆芯外露，部分锆包壳破损，一部分元件发生锆水反应。大量放射性物质进入一回路冷却水，随之流入卸压箱。事故后 15 min，卸压箱安全隔膜破裂，大量高温一回路水流到安全壳地面上，其中部分污水通过污水泵流入辅助厂房，造成放射性气体和气溶胶向环境释放。事故后 7 h，安全注入箱紧急注水。10 h 后安全壳喷淋系统开始工作，4 月 27 日安全稳定停堆。

这次事故释放出的放射性核素，主要是放射性惰性气体。尽管释放出的放射性物质总量比温茨凯尔事故大得多，但周围人群受照剂量较小。放射性污染的情况调查表明，在 152 个空气样品中，仅 8 个样品有微量放射性碘；在牛奶样品中测出的碘-131 最高浓度为 0.6～1.5 Bq/L；在 147 个土壤样品和在 3 km 范围内采的 171 个植物样品中，均未测出放射性碘；在核电站附近的哈斯奎哈纳河下游不同地点采集的河水样品，也未测出异常的放射性。事故处理过程中，有 261 名电站工作人员受到大于 1 mSv 的全身照射，其中 3 人受照剂量分别为 31 mSv、34 mSv 及 38 mSv；在 255 名外来支援人员中，也只有 23 人受照剂量大于 1 mSv，其中 7 人为 5～10 mSv。但此次核事故造成较大经济损失，据估计，仅清理现场的费用就达 10 亿美元。同时，调查表明，事故最重要的健康影响是心理上的，最苦恼的人是居住在核电站附近又有学龄前儿童的母亲。

事故后，来自英、法、德、日、意等国的专家和美国科学家组成的联合调查组进行远期效应调查，结论认为，此次核事故可能诱发的癌症远期死亡率接近零；美国宾夕法尼亚州卫生厅对核电站周围居民进行的调查也表明，1974—1983 年，这一地区癌症死亡数在核事故前后无明显变化。

1.1.4.2　苏联切尔诺贝利核事故

切尔诺贝利核电站位于乌克兰北部与白俄罗斯交界处，电站以西 3 km 为普利皮亚季镇，居民约 4.9 万人。此核电站包括 4 座反应堆机组，还有 2 座待建。事故发生于 4 号机组，该机组的核反应堆于 1983 年 12 月投入运行，采用的是苏联研制的 RBMK-1000 型石墨沸水堆，用石墨作慢化剂，以沸腾轻水作为冷却剂，其输出热功率为 3 200 MW。堆芯由直径 12 m、高 7 m、质量约 1 700 t 的石墨，金属铀燃料及压力管等构成。堆内有 1 661 根平行的压力管垂直穿过石墨慢化体，燃料组件即插在压力管内。反应堆燃料是用锆合金管做包壳的二氧化铀，富集度为 2.0%，75%是首次装料时装入的。RBMK 反应堆与压水堆相比，除慢化剂的区别外，还有一个很大的不同，即 RBMK 是压力管式，由压力管承压，没有压力壳，反应堆厂房为不承压的普通厂房。

按计划，该反应堆于 1986 年 4 月 26 日停堆检修。停堆前，准备在 8 号汽轮发电机上进行惰性条件下提供电力的试验，目的在于检验在失去场外供电的情况下，延长强制冷却堆芯的时间，但试验未严格按安全规定进行。4 月 25 日凌晨 1 时，操作人员开始降低功率，14 时关闭了堆芯紧急冷却系统，23 时 10 分又降低功率，原定降至 700～1 000 MW，因误操作降到了 30 MW 以下。为尽早结束试验，工作人员将安全控制棒大部抽出，留下不到 10 根，而按规定不得少于 15 根。4 月 26 日 1 时许，反应堆功率才稳定在 200 MW 水平，而后各有一台备用主循环泵接入，增加了反应堆内冷却能力，蒸汽量减少，压力下降。1 时 23 分时，过反应性已到要求立即停堆的水平，但运行人员未停堆，反而关闭了事故紧急调节阀等安全保护系统。当反应堆功率开始迅速上升时，试图将所有控制棒插入堆芯紧急停堆，但因控制棒受阻而未能及时插入堆芯底部，使堆芯失水熔毁，核燃料因热量聚集过多而炸成碎块。当紧急注入水后，使产生的过热蒸汽与烧熔的元件、包壳及石墨发生反应，产生大量氢气、甲烷和一氧化碳，这些易燃易爆的气体与氧气结合，发生猛烈的化学爆炸，重达 1 000 t 的堆顶盖板被掀起，堆中所有管道破裂，反应堆厂房倒塌，导致堆芯进一步被破坏，熊熊烈火达 10 层楼高，热气团将堆芯中的大量放射性物质抛向 1 200 m 高空，而后才水平传输。

在切尔诺贝利核事故中，有 237 位职业人员受到有临床效应的超剂量辐射。其中 134 人呈现急性辐射病征兆，当中 28 人在 3 个月内死亡，另外 2 名工作人员在事故爆炸中直接致死。在 1986—1990 年参加事故后果处理的超过 20 万名善后人员所接受的平均剂量约为 120 mSv。其中约 10%的人员受到的剂量为 250 mSv，有 219 名工作人员记录到大于 1 Gy 的剂量，记录剂量的可靠性已经得到了确认。事故后从禁区（半径 30 km）撤离的 11.6 万名居民在疏散前已受到辐射，其中约 10%的居民受到辐照的剂量大于 50 mSv，5%的居民受到辐照的剂量大于 100 mSv。在白俄罗斯、乌克兰和俄罗斯放射性污染最严重地区居住的居民，在此后 70 年内，平均年照射剂量为 2.3 mSv（与全球平均本底辐射剂量 2.4 mSv 相当），北半球各国中受此事故影响最大的国家平均个人辐射剂量为 0.8～1.2 mSv。

据估计，此次事故释放出的放射性物质总量约为 12×10^{18} Bq，相当于反应堆堆芯放射性总量的 3%～4%。释放出的放射性核素成分复杂，但对环境污染和对人员存在有害影响的主要是碘和铯。释放出的放射性物质随大气扩散，造成大范围的污染。事故造成 11.6 万人撤离，21 万人避迁。

切尔诺贝利核事故，是迄今为止最严重的一次核事故，对政治、经济、社会、环境及人体健康，均造成了很大影响和不良后果，因此定为 7 级特大事故。整个事故处理过程提供了丰富、可贵的经验和教训。这些实践经验值得重视，并在我国核事故的应急准备中认真研究。

1.1.4.3 日本福岛核事故

日本福岛核电站位于日本福岛工业区，由福岛第一核电站（6 台机组）、福岛第二核电站（4 台机组）组成，共有 10 台机组，总装机容量约 9 000 MW，是目前世界上最大的核电站。其堆型均为沸水堆。福岛第一核电站 1 号机组于 1967 年 9 月动工，1970 年 11 月并网。

2011 年 3 月 11 日 13 时 46 分，日本发生里氏 9.0 级强烈地震。地震发生时，福岛第一核电站 1 号、2 号、3 号机组处于运行状态，4 号、5 号、6 号机组处于停堆检修状态。地震发生后，正在运行的 1 号、2 号、3 号机组保护性自动停堆。冷却系统备用电源开始工作。但随后地震引发的海啸导致福岛第一核电站所有外部所用电力中断，循环冷却系统无法工作。反应堆内部温度和压力不断上升。3 月 12—15 日，福岛第一核电站 1 号机组反应堆发生氢气爆炸，厂房外壁崩裂，放射性物质泄漏，爆炸共造成 1 人死亡、4 人受伤，日本原子能安全和保安院宣布此次核泄漏事故的等级定为 4 级。后来几天内 3 号和 4 号机组相继发生类似爆炸，同时，5 号、6 号机组乏燃料水池中的水温有一定程度上升。爆炸造成大量放射性物质外泄。3 月 16 日，福岛第一核电站工作人员开始用消防泵往 1 号、2 号和 3 号机组不断注入海水为反应堆降温。3 月 18 日，日本原子能安全和保安院将本次核泄漏事故等级从 4 级提高为 5 级。4 月 12 日，日本政府宣布，此次事故向外部泄漏的碘-131 和铯-137 有（3.7～6.3）$\times10^{17}$ Bq，根据国际核事件分级表，将福岛第一核电站事故的严重程度评价结果提高到最高级别 7 级。

事故发生后，日本政府对核电站方圆 20 km 内的居民进行了撤离，将方圆 20～30 km 内的区域划为室内隐蔽区。为冷却目的向事故反应堆注入的海水和淡水产生了大量的高放射性积水，约 520 t 高放污水从 2 号机组取水口附近流入太平洋，放射性物质泄漏量达 5×10^{15} Bq。为给大量高放积水腾出收储空间，核电站还主动向海洋排放了上万吨的低放射性废液。

日本福岛核事故是世界上首次多个核电机组同时发生事故，是人类历史上发生的第二次 7 级特大核事故。事故发生后，在美国、欧洲各国及我国的绝大部分省份均监测到于此次事故中释放的碘-131、铯-137 等放射性核素。

1.1.4.4　苏联南乌拉尔核废料储存库事故

在苏联南乌拉尔南部的克什特姆镇附近的一座核材料生产设施内，有 16 个 300 m^3 的高放废液贮罐。这些贮罐存放在一组混凝土拱形地下室内，每个罐的四周留有一定的空间，充满冷却水，按一定周期换水。由于其中一个贮罐的一根输送放射性液体的管子泄漏，该罐周围的冷却水被污染。核材料厂把冷却水抽走，但没有换上新的冷却水。罐中含有 70～80 t 约 20×10^6 Ci 的放射性废液。废液衰变产生的热交换不出去，水温上升并大量蒸发，形成了硝酸钠和醋酸盐等易爆性残渣。这些残渣的温度一路上升到350℃，终于在1957年8月29日引发爆炸。爆炸力相当于70～100 t TNT炸药的爆炸威力，爆炸使相邻的两个贮罐被破坏，1 m厚的混凝土废物罐顶盖被炸开，放射性物质大量散布在贮罐的附近，预计20×10^6 Ci的放射性物质被喷射到1 000 m高的大气层，主要包括^{90}Sr、^{137}Cs、^{106}Ru、^{144}Ce等放射性核素，以及钚和氚等，放射性烟羽扩散到105 km远。事件后的7～10 d，约600人从附近的居民点撤离，该处放射性物质^{90}Sr的最大浓度为10～100 Ci/km^2。在随后的18个月内，总计撤离了10 180人。有1 120 km^{2}的范围受到污染，^{90}Sr的污染浓度超过2 Ci/km^2。根据国际核事件分级表规定，考虑到放射性物质向外释放，需要全面启动地方应急计划的防护措施，因此该事故被定为6级重大事故。

1.1.4.5 日本JCO辐射事故

位于日本东京东北部约120 km的茨城县那珂郡境内的东海村是日本著名的原子城，这里有日本原子力研究所（JAERI）的东海研究所（JRERI）、日本动力炉核燃料开发集团（JNP）等重要原子能研究机构。1999年9月30日10时35分位于东海村的日本核燃料制备厂（JCO）发生核临界事故。

1999年9月30日上午，JCO的铀转换实验楼内3名工作人员（A、B、C）在进行浓缩铀纯化处理工作。其目的是将浓缩U_3O_8粉末（^{235}U质量浓缩比为18.8%）用硝酸溶解在沉淀池内。按照核准的执照，该沉淀池的质量限值是2.4 kg浓缩水平为16%～20%的铀。但是，事故当事人将约40 L溶液即约16.6 kg铀直接倒入池内而没有进行质量控制，引起了临界事故。10时35分他们看到蓝白色闪光，听到奇怪的“bashi”声音（辐射报警器报警声），此时，当时在现场的A、B及在隔壁房间里监督的C立即逃离事故现场。这3人都受到严重中子、γ照射，观察到典型的急性辐射综合征：厌食、恶心、呕吐、腹泻。A在几分钟后呕吐并失去知觉20 s，有明显的全身照射伴发症。初始照射1 h后，A出现腹泻，开始呕吐，12时7分被用救护车送往茨城县国立水户医院。事故发生 2～3 h 后，血液学检查发现 3 人的淋巴细胞计数明显减少，A、B、C 三人的淋巴细胞计数分别仅是他们白细胞计数的 3%、1%和 13%。因为在他们的体表探测到 γ 射线，可能受照到更大的剂量，15 时 25 分又用直升飞机将 A、B 和 C 送往日本放射线医学综合研究所（NIRS），这是一家核事故医学应急的三级医院。到 NIRS 时 A 的体温升到 38.5℃，没有明显的感染症状，恶心、呕吐、腹泻症状也不复存在。10 时 35 分距事故现场 1.7 km 的 JAERI 的中子监测器出现明显峰值，同一地点的 γ 监测器示值也有较小的升高。日本科技厅于 11 时 5 分收到 JCO 的第 1 份事故报告，之后在 11 时 33 分茨城县被告知事故发生。11 时 36 分 JCO 周围边界上 13 个点的 γ 剂量率仪启动，15 时东海村当局发布建议对住在事故现场周围半径 350 m 范围内的 50 个家庭 200 人实施避迁撤离，将他们安置到距现场 1.2 km 远的社区中心。19 时 9 分启动 JCO 周围边界上中子剂量监测器，比 γ 剂量监测晚了 8 h。22 时 30 分茨城县知事发布告示，建议距离事故现场半径 10 km 内的 31.3 万人留在室内；告诫人们暂时不要使用井水，农民不要收庄稼，直到事故放射性污染情况核实为止。为终止事故链式反应，2 人一批共 9 批事故处理人员进入现场处理，采用以氩气驱赶沉淀池周围冷却水箱内冷却水的办法，于 10 月 1 日 6 时终止了链式反应。并将硼溶液注入沉淀池，以确保不再有临界反应。6 时 15 分 JCO 周围边界上中子监测器显示为零。至此，事故持续了约 20 h。

10 月 1 日 16 时 30 分日本内阁秘书长宣布事故现场半径 10 km 内的地区已经可以确保安全，人们可以外出活动，恢复正常生活；10 月 2 日 18 时 30 分日本政府宣布在对室内外环境和田野、商店的食品进行大量辐射污染监测后解除对该地区的警戒。

1.2 辐射事故

1.2.1 辐射事故的概念

辐射事故一般指核技术应用过程发生的事故，辐射事故的发生，也会给环境、工作人员和公众的健康与安全造成很大影响。工业辐照装置是工作人员受事故辐射照射的主要场所，而公众受事故辐射照射主要由于放射性废源与密封源的失控。另外，医疗辐射事故也可能对接受治疗的人员产生严重的辐射后果。根据 2005 年 12 月 1 日起施行的《放射性同位素与射线装置安全和防护条例》，辐射事故是指放射源丢失、被盗、失控，或者放射性同位素和射线装置失控导致人员受到意外的异常照射。

1.2.2 辐射事故分级

根据辐射事故的性质、严重程度、可控性和影响范围等因素，从重到轻将辐射事故分为特别重大辐射事故、重大辐射事故、较大辐射事故和一般辐射事故四个等级。

特别重大辐射事故，是指Ⅰ类、Ⅱ类放射源丢失、被盗、失控造成大范围严重辐射污染后果，或者放射性同位素和射线装置失控导致 3 人以上（含 3 人）急性死亡。

重大辐射事故，是指Ⅰ类、Ⅱ类放射源丢失、被盗、失控，或者放射性同位素和射线装置失控导致 2 人以下（含 2 人）急性死亡或者 10 人以上（含 10 人）患急性重度放射病、局部器官残疾。

较大辐射事故，是指Ⅲ类放射源丢失、被盗、失控，或者放射性同位素和射线装置失控导致 9 人以下（含 9 人）患急性重度放射病、局部器官残疾。

一般辐射事故，是指Ⅳ类、Ⅴ类放射源丢失、被盗、失控，或者放射性同位素和射线装置失控导致人员受到超过年剂量限值的照射。

1.2.3　典型辐射事故案例

1.2.3.1　挪威能源技术研究所辐照装置事故

1982 年 9 月 2 日，挪威能源技术研究所发生了一起重大辐射事故，造成 1 人死亡。该研究所的辐照工厂装有一个 2.4 PBq 的钴放射源，该辐照装置由控制室到辐照室的入口处装有铁栅门。放射源可提升到地面以上的不同高度，其具体高度值可在控制台上用数码显示。当放射源在地下坑内储存位置时，数码显示“0”，同时绿色信号灯亮。9 月 2 日 3 时 38 分，装置的传送系统发生故障并报警，按照控制系统功能，在此种情况下放射源应能自动下降，但实际上没有下降，值班人员也未发现此种异常现象。7 时维修技师进入照射室进行检修，数分钟后通知有关人员故障已排除。7 时 30 分维修技师感到心脏不适，被送往医院，初步印象诊断为“心脏病”。8 时有关人员到达工厂，发现放射源停在工作位置，铁栅门已被打开。通过调查分析，确认发生了辐射事故，维修技师受到了照射。利用受照者衣袋内的心脏病急救药进行电子自旋共振（ESR）测量，并用相关分析估算了剂量，结果表明，其全身红骨髓平均剂量为（21±2）Gy，头部剂量为（14.0±1.5）Gy，腹部（肠道）剂量为 15～35 Gy。受照者诊断为肠型急性放射病，于受照后第 13 天死亡。

分析此次事故的原因：一是安全系统不健全，因该辐照装置虽设有两个独立的门连锁系统，但在与放射源连锁的系统中，行程开关失灵，控制台上显示出放射源在储存位置的错误信号，并在传送机构发生故障情况下未能自动降源；同时，与室内辐射水平连锁系统相关的辐射监测仪表，已于 5 月 25 日因功能异常而被取走，因而发生事故时，辐射水平连锁系统已不存在。二是受照者疏忽大意，未注意到有关辐射监督仪给出的放射源在工作位置的信号；进入照射室时也未携带辐射监测仪（或仪器失灵）。

1.2.3.2 巴西戈亚尼亚铯-137 源丢失事故

1987 年巴西戈亚尼亚某放疗机构将一台装有 57 TBq 铯-137 的放疗机废弃，但未将放射源取走，后被人偷走，并卖给了废品收购店。废金属商将容器打开，使粉末状的放射性物质散落出来，由于其颜色鲜艳好看，使许多人将其装入衣袋、放在床下或涂在身上。发现此次事故的是一位医学物理专家，因参加会诊，发现了由事故照射引起的皮肤放射损伤，他追踪病人线索找到了放射源。在距源 1 m 处的剂量率达 4.6 Gy/h，附近地面污染区的剂量率为 1.1 Gy/h。向政府报告后，指定当地的奥林匹克运动场作为受污染人员集中点，送往集中点的第一批可疑人员是接触过辐射源者的亲友和邻居。在运动场内未进行洗消，怕场地被污染。进行人员疏散的标准为 2.5 μGy/h，从 41 间房屋内撤走 200 人。这次事故造成较大的社会和政治影响，共造成 7 个主要污染区和 81 间房屋污染。先后共监测了约 11.2 万人，查出 249 人受到了照射。121 人体内受铯-137 污染，62 人用普鲁士蓝治疗，54 人住院治疗。用细胞遗传学方法估算，有 12 人受照剂量超过 2.7 Gy，剂量范围为 2.7～7.0 Gy，其中有 1 人死亡。

1.2.3.3 山西忻州辐射事故

1992 年 11 月 19 日，山西省忻州市一青年男子在拆除一口废井时拾到一枚钴-60 放射源，并将其放入上衣口袋里。因突然恶心、呕吐被送回家，后又去医院检查治疗，家人和周围许多人受到长时间的照射。这个青年人与护理他的哥哥和父亲在 8 d 内先后死于急性放射病。另有 90 余人受到不同程度的照射，对剂量超过 0.1 Gy 的人员进行长期的医学治疗。这次事故在当地造成了较大的社会影响和公众心理的负面影响。

1.3　核与辐射恐怖事件

1.3.1　核与辐射恐怖事件的可能情景

核与辐射恐怖事件是指恐怖分子为达到其政治或社会目的，恶意制造的涉及放射性物质或辐射的恐怖事件，且该事件可能造成放射性物质的扩散和环境污染，使人们受到辐射照射，营造恐慌氛围，并可产生极坏的心理和社会影响。

不同国家、不同国际组织对核与辐射恐怖事件的界定方法并不完全一致。美国将化、生、放、核（又称大规模杀伤性武器）的恐怖事件归纳为四类：使用、威胁使用、企图获得或拥有、恐吓/恶作剧。在联合国大会通过的《制止核恐怖行为国际公约》中，下述三类行为被界定为核恐怖行为：以危害人、财产和环境为目的，拥有放射性物质或核装置；出于同样目的，使用放射性物质、核装置或破坏核设施；为达到同样目的，威胁使用或企图拥有放射性物质或核装置。

国际放射防护委员会（ICRP）在其发布的《在放射攻击事件中人员辐射照射防护》（ICRP 96 号出版物）中，概括了可以想象到的主要放射攻击情景：

—威胁、恐吓使用放射性物质作为武器，这是最简单和最易实现的恐怖情景，其区别于其他的情景之处在于无实际的放射性影响。

—偷盗放射性物质，这有可能是恶意攻击的前兆。

—以隐蔽方式使用放射源进行照射或散布放射性物质，这样的事件往往是在医院接到有关具有放射病症状、烧伤或其他症状病人的报告后才被揭示的，辐射监测也可能最早表明有这种攻击。

—用放射源蓄意或恶意照射专门的个人、人群或随意的个人。

—使用放射性散布装置，包括含工业或医疗照射用的放射源或放射性物质的常规爆炸装置（又称“脏弹”），也包括采用非爆炸方式的弥散装置（如破坏密封源的密封性或打开易扩散放射性物质的容器）散布放射性物质。

—攻击核设施，主要是攻击包容有较大量放射性物质的核设施；制造核事故，造成大量放射性物质向环境释放。

—制造食品、水源、其他日用品或某些场所、环境的放射性污染，这主要指用放射性污染超市或食品生产等环节，或污染水源（水处理厂、水库、水池或供水系统）。

—走私、转移核材料，特别是特殊的核材料（如 ^{235}U、^{238}Pu），制造使用粗糙核武器（又称临时装备的核装置），这是一种极端的但并非不可能的恶意攻击情景。

上述各种可能情景中，当前为国际上比较普遍关注的是：①使用含放射源或放射性物质的爆炸装置（“脏弹”）；②攻击核设施，特别是核设施中与安全相关的设施；③使用粗糙核武器。在这三类恐怖事件情景中，由于恐怖分子获取足够用于制造核武器的核材料是十分困难的（各有核国家普遍严格建立核材料保安与衡算制度），核设施也有严格保安措施，又做好了应对核事故的应急准备，所以恐怖分子实现爆炸粗糙核武器或攻击核设施的可能性相对较小（尤其是前者），而使用放射性散布装置是恐怖分子最可能采取也是比较容易实现的袭击方式。

1.3.2 核与辐射恐怖事件的特点

1.3.2.1 一般特点

① 主要危害因素是辐射（电离辐射），尽管也有非放射性后果（如粗糙核武器爆炸引起的热辐射、冲击波），但人们一般更关注的是较大量放射性物质释入环境造成的对人的辐射照射和环境放射性污染。

② 除粗糙核武器爆炸外，一般不会造成大量人员伤亡，因辐射照射引起急性死亡的可能性也不大，造成显著的致癌效应或遗传效应的可能性也

是极小的。

③ 社会心理影响是需要着重关注的主要危险因素。由于辐射无法直接感知，辐射效应一般又可能在受照后几小时、几天、几星期甚至几年后才表现出来，加上社会、公众中仍然存在对辐射的某些误解或不够了解，核与辐射恐怖事件极容易引起大量社会心理问题，使公众出现恐慌、焦虑情绪，社会心理影响可能大于实际的辐射影响。

④ 长寿命放射性核素的存在可能引起长时间的持续照射（尽管可能是较低水平的附加照射），环境的整治、重建可能是比较长期的任务。

1.3.2.2　与核事故的区别

核与辐射恐怖事件和核事故在很多方面具有共同的特点，例如，危害因素都是辐射，后果主要都来自释放的放射性核素在环境中的弥散造成的对公众的辐射照射和环境放射性污染；事件、事故的阶段划分类同，照射途径一样；保护响应人员和公众的措施相似；后果评价方法、手段相近（通过环境监测与后果评价模式估算）；参与响应的机构、组织及人员的专业结构基本相同；控制响应人员和公众辐射照射的原则、标准也基本相同。

核与辐射恐怖事件和核事故相比，又具有如下不同特点：

① 恐怖事件的起因均为恶意的外部人为事件，而核事故多因设计、设备故障或人为误操作引起。

② 事件发生更具突发性，地点不可确定（除攻击核设施外）。而且事件更可能发生在人口和建筑物相对密集的地方（核事故通常发生在人口相对稀少的核设施地区）。

③ 事件发生一般无先兆，后果预估更困难，后果评价的难度增大。

④ 事件的突发性和地点的不确定使得早期应急响应的难度增加，而且，多数初始响应者缺乏相关的教育和培训。

⑤ 公众社会心理影响更加突出。

1.3.3 核与辐射恐怖袭击的类型

1.3.3.1 使用放射性散布装置

放射性散布装置又称“脏弹”，它是把常规炸药与核材料或放射性物质相结合的一种装置，通过常规的炸药爆炸或其他非核的方法将放射性物质散布开来，但放射性散布装置不是核弹，其散布不能与核爆炸相提并论。因为有为数众多的放射源广泛分散各地，故此种手段的威胁程度比较高。

1.3.3.2 攻击或破坏核设施及其他核活动

核电站、研究用的反应堆、贮存或运输状态的乏燃料以及其他核设施均可成为恐怖主义分子袭击的对象，从地面或空中对它们实施攻击，使包容在设施或容器内的放射性物质向环境释放，对公众的安全健康构成威胁。在国内存在一定数目的此类潜在目标以及这些目标在受攻击时具有不同程度的易损性，所以这种手段对我国存在一定的威胁。

1.3.3.3 爆炸粗糙核武器

利用偷窃和转移得到的特殊核材料可以仅依托亚国家组织的技术力量制成低当量的粗糙核武器，其杀伤威力小于同当量的正规核武器，造成后果严重的大规模杀伤性武器事件。在国内，特殊核材料保管良好，故此类袭击手段的出现概率十分小，但也不应忽视。

第 2 章　应急状态分级与应急响应要求

2.1　应急状态分级

为有效地实施场内、场外应急响应，必须对核电厂出现的每一种应急状态进行评价和分级，以便确定应急响应行动的范围和程度，不同等级的应急状态要求不同程度的响应。应急等级一经宣布，响应组织应立即启动适合这一应急等级预先规定的响应行动。在应急预案中应规定每一种应急等级下要采取的应急响应行动和防护行动。

2.1.1　应急状态等级的划分

应急状态分级是对应急状态按其放射性后果的严重性、核设施保护工作人员和公众安全水平下降的程度以及对这些状态实施响应所必要的场内、场外应急响应行动进行分级。不同类型的应急状态要求不同等级的响应。《核电厂核事故应急管理条例》和《国家核应急预案》中将我国核电厂核事故的应急状态分为四级，即应急待命、厂房应急、场区应急和场外应急（总体应急）。

应急待命是指出现可能危及核电站安全的异常事件或工况，核电站有关人员为应付紧急情况而进入待命的状态。

厂房应急是指放射性物质释放事故已经或可能即将发生，但实际的或预期的辐射后果只局限于核电站的有限区域，核电站营运单位应急组织采取相应的应急响应行动，并向场外应急组织和国家有关部门通告、报告情况。

场区应急是指事故的辐射后果已经或可能扩大到整个场区，但场区边界处的辐射水平没有或预期不会达到应急干预水平。核电站应急组织采取相应的应急响应行动，并向场外应急组织和国家有关部门通告、报告情况。场外应急组织的某些专业技术组（如辐射监测组等）视情况可能采取相应的应急响应行动。

场外应急是指事故的辐射后果已经或预期可能超出场区边界，实施场内和场外的总体应急响应行动，场外应急又称为总体应急。

应急状态的分级是一个过程，各级核应急组织应采用共同的应急分级系统。每一个响应组织对每一应急等级所采取的场内、场外行动，在事先应进行协调，并在宣布该应急等级后立即启动。在应急预案中应规定每一种应急等级下要采取的应急响应行动和防护行动。

要注意应急状态分级不能与国际核事件分级表相混淆，因为它们具有完全不同的作用。应急状态的分级是应急响应的依据，而国际核事件分级表不是。国际核事件分级表的目的是在事故早期由于事件的信息不够充分，无法对事件做出判断，只能给出暂定核事件级别，以帮助公众和媒体对事件的理解。而且，按国际核事件分级表对事件的分级不能延误应急状态的分级，不能延误应急通告和与公众的沟通。

2.1.2 应急状态的基本特征

2.1.2.1 应急待命

应急待命的特征是一些事件正在进行或已经发生，核电厂安全水平可能下降，但还有时间采取预防性措施以防止向更高级别的应急状态演变。在这类事件中，预期不会出现需要采取场外应急响应行动（如进行辐射监测）的放射性物质释放。

核电厂安全水平可能下降的主要表现为运行参数超出核电厂技术规范书中的运行限制和条件，在这种情况下允许于规定的时间内变更运行模式。应急待命的事件还应包括那些更严重事件的征兆，因为这种征兆也预示着核电厂的安全水平可能下降。在应急待命状态的事件中可能出现少量放射性物质的释放，但是这类释放并不导致启动环境监测或场外应急响应行动（事故所致公众有效预期受照剂量小于 0.1 mSv）。

确定应急待命的目的是使核电厂运行人员和其他有关人员及时启动并处于戒备状态，保证初始的应急响应行动得以顺利实施，使事故处理、信息发送和决策过程等纳入有条不紊的组织体系。

2.1.2.2　厂房应急

厂房应急的特征是一些事件正在进行或已经发生，核电厂安全水平实际上或可能发生大的下降。然而，事故的辐射后果或可能的辐射后果仅限于某些厂房内部或核电厂局部区域。如果有放射性物质释放，所导致的核电厂周围公众的全身有效预期受照剂量不会超过 1 mSv，甲状腺预期吸收剂量不会超过 10 mGy。

此时关注的重点不应是判断安全水平的下降是否足够多，而是关注安全系统出现的问题是否需要为进一步加强对核电厂安全状态的监控而进入厂房应急状态，即确定当班运行人员是否需要支持，而不论此时是否已经确定了核电厂安全水平的下降程度。加强监控即可更好地确定核电厂的安全状态，确定是否需要将应急状态升级或终止应急状态。

确定厂房应急的目的是保证场内应急响应人员能够迅速有效地做出响应，向场外应急组织提供有关事故的信息资料。

2.1.2.3　场区应急

场区应急的特征是事故正在进行或已经发生，核电厂的一些安全设施的功能已经丧失或可能丧失。在这种应急状态下，可能出现堆芯损坏的情况，可能从电厂中释放出一些放射性物质。除在厂区边界附近外，预计在其他区域的全身有效预期受照剂量不会超过 10 mSv（即相当于紧急防护行动通用干预水平中隐蔽行动可防止的剂量值），甲状腺预期吸收剂量不会超过

100 mGy（即相当于通用干预水平中服用碘片可防止的剂量值）。

确定场区应急的目的是保证及时派出环境监测人员进行环境监测；保证场外应急组织及时启动；保证及时与场外应急组织协调应急行动；通过场外应急组织向公众提供信息。

2.1.2.4 场外应急（总体应急）

场外应急的特征是事故正在进行或已经发生，堆芯即将或已经极大损坏，甚至熔化，同时安全壳完整性可能丧失。在这种应急状态下，极可能从核电厂释放出大量的放射性物质，事故的后果已经或可能使厂区边界之外公众的全身有效预期受照剂量超过 10 mSv（即相当于紧急防护行动干预水平中隐蔽行动可防止的剂量值），甲状腺预期吸收剂量超过 100 mGy（即相当于通用干预水平中服用碘片可防止的剂量值）。

不管放射性物质的释放是由于何种原因造成的，进入场外应急状态就意味着场外公众可能需要采取隐蔽或撤离的防护行动。为了及时通知场外应急组织，确定场外应急状态应主要以核电厂安全系统功能为判据，其次是事故后果评价的预期剂量。就包容裂变产物的三道屏障而言，如果其中两道屏障失效，同时第三道屏障也可能失效，就应建议场外应急组织进入场外应急状态。

确定场外应急的目的是启用为保护公众所预先确定的防护行动；持续评价核电厂的事故状态和环境监测数据；按实际的或可能的放射性释放量，补充或修改应急防护行动；及时与场外应急组织协调应急行动；通过场外应急组织向公众提供信息。

2.1.3 应急行动水平

核电厂的应急行动水平，是指用作应急待命、厂房应急、场区应急和场外应急四种应急状态分级的参数或判据，它们可以是特定仪表读数或观测值，辐射剂量或剂量率，气载、水载和地表放射性物质的特定的污染水平。

科学合理地对应急等级进行划分可以确保采取足够的应急响应措施，并防止引起不必要的过度响应。

应急行动水平通常以矩阵表的形式展示，应具有一致性、完整性、合理性和可操作性的特点。一般来说，应急行动水平按照不同的识别类进行划分，每一个识别类对应一个矩阵表，矩阵表中不同的应急行动水平对应于各自的应急状态。矩阵表中包含有初始条件（IC）、运行模式以及应急行动水平。初始条件是预先确定的、触发核电厂进入某一应急状态的一类应急行动水平的征兆或标志。通常，初始条件和应急状态等级共同构成初始条件矩阵，用于确定应急状态等级。识别类就是对初始条件按照一定方式进行分类。

2.2　核应急响应行动目标与基本原则

2.2.1　核事故发生时的主要应急响应行动

核事故发生后，为了实现上述核应急响应目标，各级核应急组织根据事故性质和严重程度，一般需要实施以下全部或部分应急响应行动。

一是事故缓解与控制。立即组织专业力量、专用装备和物资等开展工程抢险，缓解并控制事故，尽快使核设施恢复到安全状态，安全有效地控制产生的放射性废物，最大限度地控制、减少放射性物质向环境释放。

二是开展辐射监测和后果评价。开展核事故现场和周边环境（陆地、水体、大气）、农作物、食品和饮用水等的放射性监测，以及应急工作人员和公众受照剂量的监测等。实时开展气象、水文、地质、地震等观（监）测预报。开展事故工况诊断和释放源项分析，研判事故发展趋势，评价辐射后果，判定受影响区域范围，为应急决策提供技术支持。

三是开展人员放射性照射防护。在核事故已经或可能导致碘放射性同位素释放的情况下，按照辐射防护原则及管理程序，及时组织有关工作人员和公众服用稳定碘，减少甲状腺的受照剂量。根据公众可能接受的辐射剂量和保护公众的需要，组织放射性烟羽应急计划区内有关人员隐蔽；组织受影响地区居民向安全地区撤离。根据受污染情况，组织居民从受污染地区临时避迁或永久再定居、异地安置，避免或减少地面放射性沉积物的长期照射。同时注意防止或减轻可能出现的非辐射后果。

四是实施去污洗消和医疗救治。由专业人员去除或降低人员、设备、场所、环境等放射性污染。组织核应急医学救援力量实施医学诊断、分类，开展医疗救治，包括现场紧急救治、地方医院救治和后方专业救治等。

五是出入通道控制和口岸监管。根据核事故污染区域具体情况，划定警戒区域，设定出入通道，严格控制各类人员、车辆、设备和物资出入。对出入境人员、运输工具、货物、行李物品、邮递物品和其他物品等实施辐射监测等。

六是加强市场监管与调控。针对受核事故影响地区的市场供应及公众心理状况，及时进行重要生活必需品的市场监管和调控。禁止受污染食品和饮用水的生产、加工、流通和食用，避免摄入放射性物质。

七是维护社会治安。严厉打击借机传播谣言、制造恐慌等违法犯罪行为；在公众安置点、抢险救援物资存放点等重点区域，增设临时警务站，加强治安巡逻；强化核事故现场及周边等重要场所警戒保卫，根据需要做好周边地区交通管制等工作。

八是做好信息报告与发布。核设施营运单位应及时向国家核应急办、省核应急办、国务院核电主管部门、国务院核安全监督管理部门、核设施营运单位所属集团公司（院）通告、报告有关核事故信息和核应急响应情况，在接到核设施进入厂房应急及以上状态的报告后，国家核事故应急协调委员会和省级核应急委员会按照职责分工，第一时间发布准确、权威的信息。

九是舆情管控和应对。及时收集舆情信息，组织开展会商研判，加强舆情管控，进行正面引导，消除负面影响，稳定公众心理，维护社会稳定。

十是做好国际通报与援助。按照国际原子能机构《及早通报核事故公约》要求，当核事故造成或可能造成超越国界的辐射影响时，国家核事故应急协调委员会应通过核应急国家联络点向国际原子能机构通报。

2.2.2　核应急响应目标

核应急响应涉及人员、环境和财产保护的众多方面，其需要达到的目标主要包括以下方面：一是重新控制情景；二是在现场防止或缓解后果；三是防止在工作人员和公众中发生确定性健康效应；四是提供紧急援助和对辐射伤害的处理进行管理；五是在实际可行的程度上防止居民中随机性健康效应的发生；六是在实际可行的程度上防止个人或居民中发生有害的非辐射效应；七是在实际可行的程度上保护环境和财产；八是在实际可行的程度上准备正常社会和经济活动的恢复。

其中第一个目标是核设施营运单位的职责，涉及防止或降低放射性物质的释放和工作人员与公众的辐射照射，其余的目标是营运单位和场外核应急组织的共同职责。

为了防止在工作人员和公众中发生确定性健康效应，需要采取紧急防护行动将剂量控制在发生确定性健康效应的剂量阈值之下。一般而言，在重大放射性物质释放事件发生之前就采用预防性防护行动（如预先撤离），能够很好地实现这个目标。

提供紧急援助和对辐射伤害的处理进行管理最初是通过紧急援助实现的，这种紧急援助可以为受到生命威胁的受伤人员提供紧急救护。这也可能涉及非常专门的辐射诱发伤害的处理，只有专业人员才能指导或提供这种处理。经验表明，缺乏对严重过量照射提供正确的医学处理的准备会导致不适当的处理和不必要的痛苦。

为了防止居民中随机性健康效应的发生，可以在适当的干预水平或行动水平［如《电离辐射防护与辐射源安全基本标准》（GB 18871—2002）附录 E 推荐的干预水平和行动水平］下采取相应的防护行动。这些水平的选取是为了能够保证防护行动的实施取得的利大于弊，即避免或减少受照的利益将超过实施防护行动所产生的代价。显然，这也意味着在低得多或高得多的水平上采取防护行动可能会增加公众或工作人员的总体危害。然而，干预水平和行动水平不能在野外快速测量，并且没有考虑设施的状态。因此，这些水平应当事先用来制定操作干预水平和其他在应急期间容易衡量的准则，借助这些水平可以方便地确定防护行动的必要性。

除辐射效应外，防止个人或居民中发生有害的非辐射效应也是应急计划与响应的一个重要目标。在某些应急情景中，心理的、社会的和经济的后果远大于辐射后果。一般而言，这样的非辐射影响主要产生于针对辐射问题而采取的不适宜的行动。在应急的早期阶段缺少信息，来自不同渠道相互冲突和缺乏资料的信息导致对辐射不现实的恐惧往往是这些非辐射影响的重要起因。

保护环境和财产的重要手段是限制污染的扩散，确保任何降低环境影响的补救行动利大于弊。例如，在区域放射性去污方面，要权衡在辐射学方面的好处和可能的代价，避免对环境造成不必要的损害。

正常社会和经济活动的恢复与第六个目标密切相关。正常生活秩序的恢复对于消除许多有害的非辐射后果是至关重要的。微不足道的污染和对于风险的错误概念经常延迟或妨碍人们在可能的情况下恢复正常的生活秩序。但是，正常社会和经济活动的恢复往往是一个非常复杂和漫长的过程，涉及人们的社会心理和财产安全等一系列的问题。

2.2.3 核应急响应基本原则

我国核应急响应的基本原则：统一领导、分级负责，条块结合、军地协同，快速反应、科学处置。

统一领导、分级负责。在中央政府统一领导下，中国建立分级负责的核应急管理体系。核设施营运单位是核事故场内应急工作责任主体。省级人民政府是本行政区域核事故场外应急工作责任主体。

条块结合、军地协同。核应急涉及中央与地方、军队与政府、场内与场外、专业技术与社会管理等方面，必须坚持统筹兼顾、相互配合、大力协同、综合施救。

快速反应、科学处置。核事故发生后，各级核应急组织及早介入，迅速控制、缓解事故，减轻对公众和环境的影响。遵循应对处置核事故特点规律，组织开展分析研判，科学决策，有效实施辐射监测、工程抢险、去污洗消、辐射防护、医学救援等响应行动。

2.2.4　核事故应急响应要求

在核事故发生时，对应核设施的应急待命、厂房应急、场区应急、场外应急（总体应急）四种应急状态，各级核应急组织的响应级别分别为Ⅳ级响应、Ⅲ级响应、Ⅱ级响应、Ⅰ级响应。

2.2.4.1　Ⅳ级响应

（1）响应启动

当进入应急待命状态，营运单位启动Ⅳ级响应。国家核应急办和省核应急办经研究决定，分别启动Ⅳ级响应。

（2）各级单位采取的响应行动

① 核设施营运单位对事故性质及可能造成的影响进行评价，采取预防或缓解措施，尽可能使核设施保持或恢复到安全状态，并及时向国家核应急办、国务院能源主管部门、国务院核安全监督管理部门、核设施所在地的省核应急办、核设施营运单位所属集团公司（院）进行通告、报告，提出相关建议。

② 省核应急办进行应急值班，密切关注事态发展，保持通信渠道畅通，及时了解核事故相关信息；做好舆情监控，视情况开展公众沟通；根据需要组织本行政区域内的相关核应急专业技术支持和救援力量做好准备。

③ 国家核应急办加强与省核应急办、核设施营运单位及其所属集团公司（院）的联络沟通，密切关注事故发展趋势，并视情况向国家核事故应急协调委员会有关成员单位通报情况。

（3）响应终止

若核设施营运单位采取的预防或缓解措施有效，核设施保持或恢复到安全状态，核设施营运单位经组织评估，解除应急待命状态，终止Ⅳ级响应，同时报告国家核应急办和省核应急办。国家核应急办和省核应急办经研究决定，分别终止Ⅳ级响应。

2.2.4.2 Ⅲ级响应

（1）响应启动

当核设施已经出现或可能出现放射性物质释放，但事故后果的影响范围仅限于核设施场区局部区域，核设施进入厂房应急状态，营运单位启动Ⅲ级响应。国家核应急办和省级核应急委员会经研究决定，分别启动Ⅲ级响应。

（2）响应行动

Ⅲ级响应行动应在Ⅳ级响应的基础上，加强以下应急措施：

① 核设施营运单位采取控制事故措施，开展应急辐射监测和气象观测，采取保护工作人员的辐射防护措施；加强信息报告，及时提出相关建议；配合省级核应急委员会做好公众沟通工作。

② 省级核应急委员会组织相关成员单位、专家组部分成员会商研判，研究核应急工作措施；组织本行政区域内的核应急专业力量开展辐射监测和气象观测；做好公众沟通准备工作。

③ 国家核应急办加强应急值班，组织国家核事故应急协调委员会专家委员会部分专家开展技术研判工作，向国家核事故应急协调委员会相关成员单位通报有关情况，通知国家核应急专业技术支持和救援力量做好支援准备。

（3）响应终止

核设施营运单位经组织评估，确认核设施已处于安全状态后，解除厂房应急状态，终止Ⅲ级响应，同时报国家核应急办和省级核应急委员会。国家核应急办和省级核应急委员会研究决定，分别终止Ⅲ级响应。

2.2.4.3 Ⅱ级响应

（1）响应启动

当核设施已经出现或可能出现放射性物质释放，事故后果的影响范围扩大到整个核设施场址区域（场区范围内），但尚未对场址区域外的公众和环境造成严重影响，核设施进入场区应急状态，营运单位启动Ⅱ级响应。国家核事故应急协调委员会和省级核应急委员会经研究决定，分别启动Ⅱ级响应。

（2）响应行动

Ⅱ级响应行动应在Ⅲ级响应的基础上，加强以下应急措施：

① 核设施营运单位组织开展工程抢险；控制应急人员辐射照射，视情况将非应急人员撤离出场区；进行污染区域标识和场区警戒，对出入场区的人员、车辆等进行污染监测；做好与外部救援力量的协同准备。

② 省级核应急委员会根据需要，成立省核应急指挥部，统一指挥、组织、协调核事故的响应和处置工作。实施气象观测、辐射监测，组织专家分析研判；加强舆情监控，及时发布通告，做好信息发布工作。视情况采取交通管制、控制出入通道、心理援助等措施，协调调配本行政区域内的应急资源，对核设施营运单位进行必要的支援，做好医疗救治准备等工作。

③ 国家核事故应急协调委员会组织成员单位、专家委员会专家进行会商，开展综合研判；组织权威信息发布，稳定社会秩序。根据省核应急指挥部的请求，为事故缓解和救援行动提供必要的支持，视情况组织国家核应急专业力量指导开展后果评价、辐射监测、气象观测、医疗救治等工作。

（3）响应终止

核设施营运单位经组织评估，确认核设施已处于安全状态后，解除场区应急状态，终止Ⅱ级响应，同时报国家核事故应急协调委员会、省核应急指挥部。国家核事故应急协调委员会、省核应急指挥部组织专家进行评估后，经研究决定，分别终止Ⅱ级响应。省核应急指挥部撤销。

2.2.4.4 Ⅰ级响应

（1）响应启动

当核设施已经出现或可能出现大量放射性物质向环境释放，事故后果的影响范围超越核设施场区边界，可能严重危及公众健康和环境安全，核设施营运单位应立即向省核应急指挥部提出进入场外应急（总体应急）状态、启动Ⅰ级响应的建议，由省核应急指挥部报告国家核事故应急协调委员会，国家核事故应急协调委员会报请国务院批准同意后，核设施进入场外应急（总体应急）状态，核设施营运单位、省核应急指挥部、国家核事故应急协调委员会分别启动Ⅰ级响应。情况紧急时，省核应急指挥部可以先行启动Ⅰ级响应，并立即报告国家核事故应急协调委员会，国家核事故应急协调委员会报告国务院。

（2）响应行动

Ⅰ级响应行动应在Ⅱ级响应的基础上，加强以下应急措施：

① 核设施营运单位组织工程抢险，缓解、控制事故，开展事故工况诊断，对事故的性质及后果进行评价，及时提出公众防护行动建议。加强应急辐射监测，采取保护场内工作人员的防护措施，撤离非应急人员，控制应急人员辐射照射，对受伤或受照射人员进行医疗救治。标识污染区域，实施场区警戒；指挥协调场外应急救援力量开展抢险救援等工作，配合国家核应急指挥部和省核应急指挥部做好公众沟通和信息发布等工作。

② 省核应急指挥部组织实施场外应急辐射监测、气象观测，组织专家进行分析研判，协调调配本行政区域内的应急资源，向核设施营运单位提供必要的交通、燃油、电力、水源、通信、食品、饮用水等保障条件支援和物资供应。视情况采取交通管制、发放稳定碘、控制出入通道、控制食品和饮用水、医疗救治、心理援助、去污洗消等措施，适时组织实施核事故受影响区域公众的隐蔽、撤离、临时避迁、永久再定居。加强舆情管控和有效应对，

做好信息发布、组织开展公众沟通等工作。及时向事故后果已经影响或可能影响的邻近省、自治区、直辖市人民政府通报事故情况，提出相应建议。

③ 经国务院批准，成立国家核应急指挥部，统一指挥、组织、协调核事故的应急响应和处置工作，总指挥由中央指定的负责同志担任。国家核应急指挥部进行任务部署，组织协调有关地区和部门实施。国家核应急指挥部内设的综合协调、事故抢险、辐射监测、医学救援、放射性污染物处置、群众生活保障、信息发布和宣传报道、涉外事务、社会稳定等工作组按照各自职责分工开展相关应对工作。

一是组织国家核事故应急协调委员会相关成员单位、专家委员会会商，开展事故工况诊断、释放源项分析、辐射后果预测评价等，科学研判事故发展趋势，决定核应急对策措施；

二是派遣国家核应急专业救援队伍，调配专业核应急装备参与事故抢险工作，抑制或缓解事故、防止或控制放射性污染，以及开展去污洗消、污染物处理处置等工作；

三是组织协调国家和地方辐射监测力量开展已经或可能受辐射影响区域周边环境（包括空中、陆地、水体、大气）和农作物、食品、饮用水等的放射性监测；

四是组织协调国家和地方的医疗卫生力量和资源，指导和支援受辐射影响地区开展辐射损伤人员医疗救治、心理援助等；

五是统一组织核应急信息发布；

六是跟踪重要生活必需品的市场供求信息，开展市场监管和调控；

七是组织实施农产品出口管制，对出境人员、交通工具、集装箱、货物、行李物品、邮包物品等进行放射性污染监测与控制；

八是按照有关规定和国际公约的要求，做好向国际原子能机构等国际组织、有关国家和地区的国际通报工作。根据需要提出国际援助请求。

（3）响应终止

当核事故已经得到有效控制，放射性物质释放已经停止或者已经得到控制，达到可接受的水平，核设施基本恢复到安全状态，核设施营运单位向省核应急指挥部提出解除场外应急（总体应急）状态、终止Ⅰ级响应的建议，由省核应急指挥部报告国家核应急指挥部。国家核应急指挥部经综合评估并报请国务院批准同意后，解除场外应急（总体应急）状态，核设施营运单位、省核应急指挥部、国家核应急指挥部分别终止Ⅰ级响应。国家核应急指挥部、省核应急指挥部撤销。

第 3 章　应急干预

3.1　事故照射与应急干预措施

3.1.1　照射分类

在 1990 年国际放射防护委员会（ICRP）的第 60 号出版物中，涉及辐射照射的人类活动被划分为两类：一类活动称为实践，这类活动可能会引入新的照射源及照射途径，或者扩大受照人员的范围，从而使人们受到的照射或受照可能性增加，如建设核电站用于核能发电、利用核医学技术对病人进行诊断或治疗等；另一类活动称为干预，是指针对因核事故或其他原因引起的辐射照射而采取措施，以减少或避免辐射。这两类人类活动在性质上存在明显不同：①实践的目的是实现某种社会利益，其结果是增加了辐射照射，而干预的目的和结果都是减少了辐射照射；②实践情况下辐射源是受控的，对人的照射主要可通过对辐射源的控制而加以限制；在干预的情况下，辐射源已不在控制之中，即照射源、照射途径、受照个人均业已存在，只能通过干预来限制其对人的辐射照射。

在国际放射防护委员会第 103 号出版物（2007 年新的建议书）中，用计划照射、应急照射和现存照射三类照射情况，代替了实践和干预的分类。其中计划照射情况指各种“放射源”的计划引入和运行情况，计划照射既涵盖过去归类为实践的情况，也包括核设施退役、放射性废物处置等。计划照射不但会增加预期发生的照射（正常照射），还会增加不期望发生的照射（潜在照射）。现存照射情况是指当决定必须采取控制措施时就业已存在的照射情况，对应过去慢性干预的情况，包括天然存在的本底照射和来自过去事件以及事故遗留的照射，例如，某些工作场所内氡浓度偏高，需要采取措施降低氡浓度，减少其对人的照射。

应急照射情况是指事故、恶意行为或任何其他意外事件的结果所引起的照射情况，应急照射情况既涵盖过去归类为核与辐射事故情况下需应急干预的情况，也考虑使用或涉及放射性物质、核材料的核与辐射恐怖事件或威胁，还包括严重自然灾害或境外事件影响境内等导致的应急照射情况。应急照射情况需要立即采取干预措施（应急防护措施），以避免或减轻不利后果。在应急照射情况发生之前必须考虑预防行动和缓解行动，但是，一旦实际发生应急照射情况，只有通过实施防护行动才能减少照射。

3.1.2 应急防护措施

事故期间采取的防护措施可分为紧急防护措施和长期防护措施两类。

3.1.2.1 紧急防护措施

在事故过程中，放射性物质释入环境的持续时间可能为 1 h 或更少，或者可能到几天甚至几周。用“紧急”这个词是描述为了有效而必须迅速采取的那些行动或防护措施，如果延误会导致本可避免的居民受照，在最坏的情况下甚至导致严重的确定性健康效应。因此，紧急防护措施的主要特征是在短时间内做出启动这些措施的决定。

经验表明：核事故或辐射应急时，在可利用的防护措施中需迅速应用且最有效的是：

—撤离；

—隐蔽；

—服用稳定碘。

撤离和隐蔽在其他自然灾害（如地震、洪水）和人为灾害（如火灾、化学泄漏）引起危害的其他应急类型中，也被广泛使用。

可能迅速应用的另外的防护措施（它们是上述主要防护措施的补充）还

包括：

—控制出入通道；

—临时准备的对呼吸系统的保护；

—淋浴或洗澡和更换衣服；

—使用个人防护服。

（1）撤离

撤离是指人员从他们的住所或者从工作或休息的地方紧急搬走一段有限的时间，以避免由事故引起的短期照射。只要这些住所可以居住和不需要长时间消除操作的话，在大多数情况下他们将被允许（一般为几天的时间）返回自己的住所。若时间较短且只是暂时地居住，人员可以安排在学校或其他公共建筑物内。如果撤离时间大于一周，他们应该临时避迁到更好的居住设施。在事故进程的各种阶段都可以实施撤离。如果在放射性物质明显释放前能采取预防性的撤离，即就避免辐射照射来说这是最有效的。在 ICRP 的出版物（1992 年）中，将撤离分为预防性撤离和在放射性物质释放后的撤离两种。为避免沉积放射性物质的外照射和再悬浮物质的内照射，在释出的物质弥散终止以后，可能开始或继续短期地（即几天）撤离到简易的住所。

（2）隐蔽

隐蔽是指留在或进入住房或其他建筑物，关闭门和窗户；为了使个人从户外空气中少吸入放射性物质，还应关闭任何通风系统，而在烟羽通过和隐蔽以后，在任何情况下，必须通风以降低室内的放射性核素浓度。

在有相对短持续时间的混合核素释入大气的事故早期，当烟羽正在通过时，吸入的剂量比外照射多很多。大多数建筑物能减少一半左右的吸入剂量，但通常在几小时后这种减少会迅速趋向失效。

因此对较长时间的释放，隐蔽就不十分有效了。对于砖瓦建筑或大型公共建筑物，可以使外照射剂量减少一个量级或更多。但是开放式的或者轻型材料的建筑物的防护性能就比较差。

居民在户内隐蔽的时间应该有一个合理的限制。IAEA 认为最长绝对不要超过 2 d。

（3）服用稳定碘

为了合成甲状腺激素，甲状腺通常需要摄入适量的碘，甲状腺捕集碘的效率是很高的，因而在放射性碘释放的事故中甲状腺成了靶器官。服用稳定碘是为了减少甲状腺吸收放射性碘，从而减少甲状腺辐射剂量。应在摄入任何放射性碘之前服用稳定碘，或按实际尽可能快地服用。如果在摄入放射性碘以前 6 h 内服用稳定碘的话，所提供的保护几乎是 100%；如果在吸入放射性碘的同时服用稳定碘，防护效率约 90%，在吸入放射性碘数小时内服用稳定碘，甲状腺吸收的放射性碘仍可降低一半左右。而 12 h 后，对剂量的减少作用有限，24 h 后不起作用。在制订应急计划时，对是否需要和如何使居民可以得到稳定碘应做出决定。目前，国际上强调服用稳定碘主要针对幼儿和孕妇。

3.1.2.2 长期防护措施

临时避迁、永久性再定居和控制食品是重要的长期防护行动。这些行动一般是为减少受照的居民的随机效应和遗传效应风险。然而，要保证防护行动足以防止确定性健康效应是十分重要的。较长时间照射引起的确定性效应阈值比急性照射相应的阈值高，这是因为人在接受较长时间的剂量时具有恢复的机制。

（1）临时避迁

临时避迁是指人们从受事故影响的地区有组织、慎重地迁出一段较长的但是有限的时间，典型的时间为几个月，主要防止沉积于地面的放射性物质的外照射和吸入再悬浮放射性核素的内照射。

决定需要临时避迁不像撤离那样紧迫。临时避迁是为了避免在几个月内接受高的剂量。有限地推迟采取措施通常可能是合理的。随着时间的流逝，放射性衰变和自然的过程（如雨洗和风化作用）将减少所迁出地区的污染，使人员返回到那里重新工作。包括对土地和财产的去污等补救措施可用来缩短临时避迁的时间。有两个因素将影响避迁的持续时间：经济的考虑（继续临时避迁的经济成本与永久性再定居费用的比较）、社会的考虑（较长时间的避迁会使受影响的居民产生急躁不安情绪，给公众带来健康问题，甚至寿命的缩短）。

由于能够采用可控制的和安全的方式进行避迁，临时避迁的风险相对来说（如和撤离相比较）较小。但对特殊居民组（如医院的病人）应加以注意，对他们采取的避迁措施可能会产生较高的实际风险。

（2）永久性再定居

永久性再定居是指把人们从事故影响地区慎重地彻底搬出来，并不计划再返回。这样通常需要建造远离污染区的新住所和基础设施。

来自长寿命放射性核素的照射剂量率相对缓慢地下降。对有些住宅区，虽然临时避迁并不需要，但剩余剂量可能高到需要永久地再定居。考虑或决定这种再定居的因素包括所需要的资源、能避免的剂量、对个人和社会造成的混乱，以及减少居民的急躁和使他们安心的心理、社会和政治因素。

对永久性再定居，必要的资源包括人员和行李的运输、新住房和基本设施的建设。为建设新的基本设施，收入可能会暂时减少。与连续的花费不同，这些资源基本上是一次性投资，对永久性再定居的干预水平用个人一生所避免的剂量来表示。对一般居民有选择地采用防护行动，有可能产生潜在的社会问题。但是对老年人在许可的情况下应该允许他们返回自己的住所而不是永久性再定居。

永久性再定居的准则，除了可避免剂量外，还有通常可以允许临时避迁的持续时间的限制。前面已经提到，最大的时间长度取决于许多社会和经济因素。按经济因素估算，连续的临时避迁的成本在 1～5 年开始超过永久性再定居的成本。加上社会因素的考虑，临时避迁不应该超过 1 年的时间。

如果剂量恰好略低于永久性再定居的通用干预水平，这意味着有值得重视的个人风险，主管当局在事故发生后就应该考虑，环境是否允许在较低的剂量水平下进行干预和对受影响的区域进行去污。

（3）去污

去污既是防护措施，也是恢复措施。防护措施通常直接针对受影响的居民，而恢复措施主要是针对实际的环境和恢复正常生活条件。恢复措施包括建筑物和土地的去污和放射性物质清除，直接有助于尽可能快地返回到事故前的状态。

去污相比封闭一个地区来说是一种破坏性较小的防护措施，因为在完成清除过程后一些活动可以恢复。去污的目的是减少来自地面沉积的外照射，减少放射性物质向人、动物和食品的转移，降低放射性物质再悬浮和弥散的可能性。

（4）关于食品的干预

为控制食品的污染而进行的干预，一般应当及时但不是紧急的。在事故后为计划适宜的食品控制，有必要考虑减少或防止污染，可以在食品生产和分销的不同阶段进行控制。对植物和土壤直接进行处理可能会大大减少放射性核素进入农作物和动物饲料。使用干净的动物饲料和对动物进行专门的处理，能减少放射性核素向随后的产品的转移。在销售前对许多食品进行适当的工艺处理能明显降低这些食品的污染水平。食品还可以完全禁止销售。

以往制定食品的干预水平，仅仅根据完全禁止销售食品来决定。由于原先提供的干预水平有比较大的范围，使得在苏联切尔诺贝利核事故后在公众中在某些情况下引起普遍的混乱。本书以下要介绍的有关食品的干预只有一套通用水平。目前，国际上明确将“干预水平”和“行动水平”区分开来。对食品的通用水平用“行动水平”表示。表 3-1 列出了防护措施及其应用范围，表 3-2 列出了各防护措施对于每个照射途径的可应用性。

表 3-1　应急防护措施及其应用范围

防护措施	阶段		
	早期	中期	晚期
隐蔽	○○	◎	—
服用稳定碘	○○	◎	—
撤离	○○	◎	—
通道控制	○○	○○	◎
个人防护	◎	◎	—
人员去污	◎	○○	◎
食品和水的控制	◎	○○	○○
区域	—	◎	○○

注：○○适用且可能是主要的（高优先）。
◎适用（低优先）。
—不适用。

表 3-2　各防护措施对于每个照射途径的可应用性

照射途径	时间尺度	适用的防护措施						
		撤离	隐蔽	通道控制	禁止食物	服用稳定碘	个人防护	去污
设施的外照射		√	√	√				
烟羽外照射		√	√	√				
烟羽内照射		√	√	√		√	√	
沉积于皮肤和衣服		√	√	√			√	√
地面沉积外照射		√	√	√				√
吸入再悬浮放射性物质		√		√			√	√
食入污染的食物和水					√			

3.1.3 社会心理干预

核与辐射事故和其他人为灾害一样，具有一般灾害的共性，但又有其自身特点。核与辐射事故跟电离辐射照射相关联，由于电离辐射的不可感知，且又与核武器、核爆炸有着某种意义上的联系，因而人们对这类事故容易产生显著的恐惧心理。为避免或减少事故造成的社会心理影响，可采取不同的心理干预措施，主要有信息沟通、心理抚慰、心理咨询、心理治疗等措施。

3.1.3.1 信息沟通

信息沟通是核与辐射事故应急中对公众心理进行干预最基本，也是最重要的一项措施。良好的信息沟通可以避免产生大范围的社会恐慌，可以减轻受事故影响公众的不良情绪反应。

信息沟通的实施主体应是政府权威部门，实施的方式可以是开新闻发布会，向公众发放科普资料，或是电视、广播、报纸、网络、手机短信等手段的综合利用。应急期间向公众提供的信息应是有用的、及时的、真实的、一致的和适当的，对谣言或不确切信息应做出回应，并尽力满足公众、新闻媒体对信息的要求。

在应急报警以后迅速向公众提供有关风险和防护行动的信息，并在发布防护行动建议后持续发布相关信息。向公众提供有关是否应采取防护行动及其原因的信息。在宣布应急以后，可向涉及的单位、居民区负责人员介绍基本情况。迅速向公众提供下列方面的信息：医疗检查，监测，取样结果或涉及其自身、家庭、居民区或其工作场所的其他响应行动，也包括如何保护家庭成员（如学校中的儿童）的信息。

在现场向新闻媒体工作人员提供有关风险、限制和自我防护措施的信息，应包括辐射防护和长期医疗监督方面的信息。新闻媒体工作人员可以被认为是应急工作人员，因为需要他们向公众提供可信的信息。对媒体信息进行检查并采取措施，对错误的、不确切的或混乱不清的信息做出回应。采取措施查明公众在应急期间的不适当症状和反应，并向媒体提供有助于缓解这种情况的相关信息。

3.1.3.2　心理抚慰

心理抚慰是核与辐射事故应急中对受事故影响产生不良情绪反应的公众（即事故受害人）采取的一种有效的干预措施。及时的、持续的心理抚慰可以消解受害人的恐慌、焦虑情绪和不安全感，恢复其受到破坏性冲击的心理平衡。

心理抚慰通常要代表官方进行，由于核与辐射事故的特殊性，最好还需具备一定的核与辐射专业背景，这样实施者可以享有官方和专业的双重权威，从而形成一种“权威暗示”，可以更容易让事故受害者的情绪平静下来。心理抚慰的实施主体可以是专业的心理干预人员，也可以是处在一线的应急工作人员。由于严重核与辐射事故往往影响人数众多，而全国范围内能够从事灾害心理干预的专业人员较少，掌握一定核与辐射知识的心理干预人员更是少之又少，所以对公众的心理抚慰工作更多地还需要依靠应急工作人员。这就要求对应急工作人员增加有关心理抚慰工作的知识、能力和技巧的培训。在心理抚慰的实施上，媒体的作用是十分有限的，因为处在危机中的当事人很难从文字、声音、图像上获得情感上的慰藉，只有与危机中的个体保持密切的接触，对其表示关心和理解，建立良好、信任的关系，才能用那些感同身受的温馨言语打动他们的内心，让他们从心理上获得安抚和慰藉。

3.1.3.3　心理咨询

心理咨询是为核与辐射事故中产生应激障碍的事故受害者提供的，是使当事人在心理上（认知上和情感上）消除创伤体验的一种干预措施。

心理咨询的实施主体应是具有一定资质的心理咨询师，客体是存在心理应激障碍并能意识到问题存在的事故受害者。心理咨询通常由心理咨询师与单个来访者一对一地进行，也可以将具有同类问题的来访者组成小组或较大的团体，进行共同讨论、指导或矫治。心理咨询的核心是谈话，谈话中包含了一些治疗因素：使受害者减少孤独感，获得健康帮助。

那些在核与辐射事故应急中撤离、避迁或永久性再定居的人员，政府有必要为他们提供长期的心理咨询服务。因为核与辐射事故在他们之中产生的慢性心理紧张会在较长时间内存在，从而容易诱发慢性心理疾病。在切尔诺贝利事故后进行的一项为期 6 年的研究发现，悲痛和精神紊乱（主要是比较轻微的精神病症）在受到严重污染的地区很流行。如果在该地区提供较充分的心理咨询服务，就可能不会导致这种精神疾病的流行。

3.1.3.4 心理治疗

心理治疗是对核与辐射事故中产生严重心理应激障碍的事故受害者采取的最高层次的心理干预措施。

严重核与辐射事故发生后少数受害者的心理障碍不能得到缓解，他们的心理矛盾较深，症状顽固，采用简易的心理帮助难以见到成效，需要进行专业性治疗。心理治疗的实施主体应是具有资质的心理治疗师。专业性心理治疗应该掌握的几个原则：①整体综合性医疗的原则；②可接受原则；③调动自我心理防御的原则；④巩固的原则；⑤信任的原则；⑥内因起作用的原则。专业性心理治疗一般每 1～2 周 1 次，每次 0.5 h 左右，5～10 次为一个疗程。常用的心理疗法有催眠疗法、精神分析法、森田疗法、生物反馈法、行为疗法等，这些治疗方法的模式是建立在精神病学或医学模式的基础上的。

心理治疗对于受核与辐射事故影响产生严重心理疾病的患者是适用的，如在事故中受到直接辐射伤害伴随产生严重心理疾病的人员，而对于有些因事故影响而产生自杀等极端倾向的人员，心理治疗不一定适用。

3.2　干预原则与干预水平

3.2.1　干预原则

一旦发生核事故，就需要针对公众和应急工作人员采取干预措施（应急防护措施）来减少照射。核事故应急响应中采取干预措施（应急防护措施）的目的，就是尽一切努力使公众人员和应急人员个人所受辐射剂量低于相关阈值，以防止产生严重的确定性健康效应，同时确保采取所有合理措施，减少随机性健康效应的产生。此外，已产生的核事故影响表明，经济、政治，尤其是公众的社会心理影响等非放射性影响往往可能超过辐射照射的影响，因此，还应尽可能采取干预措施，防止在个人或人群中出现非放射性影响，并在防护行动决策中充分考虑非放射性影响的因素。

考虑到采取干预措施（应急防护措施）在减少受照剂量的同时，也会干扰公众的正常生活，给公众和社会带来新的危害。例如，撤离途中可能出现交通事故造成人员伤亡，较长时间的隐蔽可能引起某些社会和经济问题，服用稳定碘对一些人可能有副作用，临时避迁和永久性再定居都需要经济上的投资等。因此，在决定采取何种干预措施时必须考虑其利和弊，需要判断什么情况下的干预是必需的，什么情况下干预是不必要的甚至不正当的，并遵循一定依据或原则，干预原则就是为实现应急的目的而进行的干预应遵循的辐射防护原则。

在国际放射防护委员会新的建议书中，仍然将辐射防护三原则（即正当性原则、最优化原则和个人剂量限值）作为辐射防护体系的核心，其中，正当性和最优化这两条原则适用应急照射情况。

正当性原则是干预原则的基础，其实质是利大于弊，或者说干预措施的实施应该是带来的好处大于其所造成的危害。在应急照射情况下，“利”是指通过采取干预措施，使得辐射照射或其他非放射危害、心理影响进一步减少，“弊”则是指为采取干预措施而付出的代价或产生的危害。只有根据对健康保护和社会、经济等因素的综合考虑，预计应急干预措施利大于弊时，干预才是正当的。例如，在采取撤离这一干预措施时，不仅要考虑集结地域、信息发布、交通工具、撤离后的安置与生活保障，而且还要考虑老弱病残孕等特殊人群的特殊需求、撤离过程中的交通安全等，所付出的代价较大。因此，如果事故本身影响较小则无须安排撤离，但如果采取了撤离措施，或随意扩大了撤离范围，造成了更大的不必要损失，则不符合正当性原则。

最优化原则是指不仅要做到利大于弊，而且应做到利尽可能大于弊，这也是干预原则的目标。在应急照射情况下，主要是指所采取的应急措施对导致照射的可能性、受到照射人数以及个人受照射剂量的大小均控制在可合理达到的尽量低水平，也就是寻求最佳防护水平以获取利弊之差的最大值。在判断用于干预的防护行动的最优化时，公众心理影响也是必须考虑的重要方面。

值得注意的是，由于应急防护的目的之一就是防止公众和应急工作人员产生确定性健康效应，所以有时也将避免严重的确定性健康效应作为一条重要的干预原则。如果任何个人所受的预期剂量接近或预计会接近可能导致严重损伤的阈值（确定性健康效应阈值），此时有必要采取一切可行的防护措施，避免使其产生确定性健康效应。例如，切尔诺贝利核事故期间，为了清理反应堆厂房顶部散落的具有极强放射性的石墨碎块，为后续封堆工作做准备，在作业机器人失灵的情况下，不得不采取人工方式进行清理。所有人身着铅衣和铅裙，佩戴防毒面具、护目镜和手套，作业时间限制在90 s内，通过充分的个人防护和轮换作业，避免产生确定性健康效应。

在应急照射情况下，为了保护应急人员，国际原子能机构在《国际电离辐射防护和辐射源安全基本安全标准》（安全丛书115号）中对从事干预行动的应急工作人员设定了照射控制的具体要求，还确定了应急情况下为保护公众，需要实施干预并采取相应防护行动的通用优化干预水平和行动水平。我国现行的《电离辐射防护和辐射源安全基本标准》（GB 18871—2002）也是以安全丛书115号为基础制定的，其中，对于应急照射下剂量控制的基本要求均一致。在国际放射防护委员会 103 号出版物中，提出用“参考水平”代替以往的“通用优化干预水平”，并在 2009 年的第 109 号出版物中对应急照射情况下人员防护建议的应用提供了进一步的意见建议。2014 年，国际原子能机构对《辐射防护与辐射源安全：国际基本安全标准》（IAEA GSR-3）进行了相应修改。

3.2.2 干预水平

鉴于事故时用作防护措施决策基础的是个人的危险，即公众预期可能接受的剂量，因此有必要建立用于控制公众成员接受照射的剂量水平，当预期剂量达到这一剂量水平时，要考虑进行干预，即采取防护措施，这一剂量水平就称为干预水平。

干预水平是指针对核应急情况所制定的可防止剂量水平，当达到这种水平时应考虑采取相应的防护行动。不同的防护行动有不同的干预水平值。行动水平是指在核应急情况下，应考虑采取防护行动的剂量（率）水平或活度浓度水平。干预水平是用因具体的防护行动而异的可避免剂量或可避免浓度表示的，而行动水平是只要高于它们就应采取某种行动的剂量水平或浓度水平。

根据干预原则和健康效应，干预水平包括四个量，分为两大类：一类是为了防止出现确定性健康效应，针对急性照射而给出的剂量行动水平；另一类是为了减少随机性效应的产生，针对特定防护措施而给出的持续照射剂量率行动水平、通用优化干预水平和通用行动水平。

3.2.2.1 急性照射的剂量行动水平

核事故发生时，短时间、大剂量的核辐射照射，可能引起公众急性核辐射损伤甚至死亡，给公众心理造成极严重的影响。为了防止确定性健康效应的产生，应制定急性照射的剂量行动水平，通常采用器官或组织的吸收剂量来评价确定性健康效应的危险度。当预期器官或组织所受剂量达到规定的阈值时，为了保护公众生命安全、防止产生确定性健康效应，需采取一定合理有效的干预行动。表3-3给出我国现行《电离辐射防护与辐射源安全基本标准》（GB 18871—2002）的急性照射剂量行动水平。该标准是以1996年IAEA出版的安全丛书115号为基础而制定的，表3-3中的数值是指短时间（2 d）内器官或组织的预期吸收剂量，这些剂量值与相应的确定性健康效应产生阈值基本相当，GB 18871—2002明确规定，任何个人所受预期剂量接近或预计接近表中所列数值时，实施干预、采取防护行动总是正当的。

表3-3　急性照射的剂量行动水平　　单位：Gy

器官和组织	2 d内器官或组织的预期吸收剂量
全身（骨髓）	1
肺	6
皮肤	3
甲状腺	5
眼晶状体	2
性腺	3

注：对剂量大于0.1 Gy（小于2 d内受照）对胎儿的确定性效应的可能性，在考虑立即防护的实际行动水平的正当性和优化时应予以考虑。

3.2.2.2　持续照射的剂量率行动水平

核事故发生时，除因防止出现确定性健康效应而采取一系列干预措施外，对于公众，为了防止因持续性照射而造成远期效应风险的增大，GB 18871—2002也给出器官或组织受持续照射时，任何情况下都应采取干预的剂量率行动水平，见表3-4。同样，GB 18871—2002也明确指出，当公众相应器官和组织的预期受照剂量接近或预计接近表3-4所列数值时，应采取一定的干预措施。

表 3-4　持续照射的剂量率行动水平　　单位：Gy/a

器官和组织	2 d 内器官或组织的预期吸收剂量
性腺	0.2
眼晶状体	0.1
骨髓	0.4

3.2.2.3　紧急防护措施的通用干预水平

表 3-5 列出了对紧急防护行动所建议的通用干预水平。这些数值满足干预基本原则：干预一般是正当的，由该行动所避免的风险，大于这些行动本身带来的风险，由隐蔽和撤离的干预水平提供的防护是在考虑最大的持续时间（分别是 2 d 和 1 周）优化得到的。

表 3-5　对紧急防护措施建议的通用干预水平　　单位：mSv

防护行动	通用干预水平（由防护行动避免的剂量）[a,b]
隐　　蔽	10[c]
撤　　离	50[d]
碘预防	100[e]

注：

[a] 这些水平是可避免剂量，即如果这种行动所能避免的剂量（考虑到由于实际原因所引起的效能丧失）大于所给的值，则应采取这种行动。

[b] 在所有情况下，水平是指在当地的居民中的取样平均值，而不是受照最多的个人的值。然而，对受较多照射的个人居民组的预计剂量应该保持在确定性效应的阈值以下。

[c] 推荐大于 2 d 的隐蔽。当局可以建议在较低的干预水平下在较短时间内隐蔽或者使进一步的对策（如撤离）可容易实施。

[d] 不推荐 1 周以上的撤离。当局可以希望在较低的干预水平下较短时间地撤离，也可以很快地和更早地撤离，如对小的人群组。在撤离比较困难的情况下，较高的干预水平可能是适宜的，如对于大的人群或在缺乏足够的运输能力的条件下。

[e] 甲状腺的可避免剂量。为便于实际应用，对所有年龄组推荐一个干预水平。

这些干预水平在性质上是“通用的”，即对大多数情况是合理的。可能存在特殊情况或特殊居民组，通常适合的干预对它们来说不合理。例如，在这些干预水平下撤离对一般居民在正常的环境下是适宜的，但对下列情况不适合：①有危害的天气条件；②当伴有其他危害时，如沿着撤离路径有化学危险物释放或地震；③当受影响的人数很多和土地面积很大或运输条件缺乏，以至于使此防护行动不实际或者甚至很危险；④对特殊居民组（包括残疾人员、医院病人、老年人和囚犯）采用防护行动（特别是撤离）是很困难的。

3.2.2.4 长期防护行动的通用干预水平

表 3-6 列出了临时避迁和永久性再定居的通用干预水平。对临时避迁，表中列出了两个值。第一个值表示：如果在规定的居民中，第一个月所避免的平均剂量大于 30 mSv，则应该开始避迁。如果在随后的月份中，继续避迁所避免的平均月剂量小于 10 mSv，则可以从临时避迁地返回，只要未证明永久性再定居是正当的。如果在 1 年或 2 年中，一个月累积的剂量预计不降到 10 mSv 以下，则应考虑永久性的再定居。如果一生预计剂量超过 1 Sv 也应考虑永久性再定居。

表 3-6　对临时避迁和永久性再定居建议的通用干预水平

防护行动	可避免的剂量[a]
临时避迁	30 mSv（在第 1 个月）[b]
	10 mSv（在以后的任意一个月）[b]
永久性再定居	1 Sv（一生中）[c]

注：

[a] 该可避免剂量应用于考虑的平均居民。

[b] 一个月指大约 30 d 的任何时间期间，不是按日历的一个月。

[c] 为了保护最敏感的居民组（孩子），一生通常取 70 年。如果情况允许，应该允许老年人返回他们的家园，而不是让他们永久性再定居。

与这些干预水平相比较的剂量是采取对策能避免的来自所有照射途径的总剂量，但通常不包括食品和饮用水途径。

3.2.2.5 食品的行动水平

核事故发生后，向环境释放的放射性核素往往会造成大气、水体和土壤等环境介质受到污染，并通过多种直接或间接的途径进入食品，进而进入人体。在持续性照射或应急照射情况下，为了避免公众摄入过量的放射性核素，当食品的放射性污染水平超过规定的行动水平时，则需对放射性污染食物采取摄入限制措施，或通过加工、洗消、去皮和稀释等方法降低污染水平，使食物、饮用水中的放射性核素活度浓度控制在相应的行动水平之下，通用水平就是国际上推荐的用于控制食品的干预水平。

表 3-7 给出 IAEA 针对主要放射性核素的通用行动水平，与 GB 18871—2002 所列通用行动水平相比，增加了 ^{240}Pu 和 ^{242}Pu 两种核素。

表 3-7 对食品建议的通用行动水平　　单位：kBq/kg

一般消费食品中的放射性核素	通用行动水平
^{134}Cs、^{137}Cs、^{131}I、^{103}Ru、^{106}Ru、^{89}Sr	1
^{90}Sr	0.1
^{241}Am、^{238}Pu、^{239}Pu、^{240}Pu、^{242}Pu	0.01
牛奶、婴儿食品和饮用水的放射性核素	通用行动水平
^{134}Cs、^{137}Cs、^{103}Ru、^{106}Ru、^{89}Sr	1
^{131}I、^{90}Sr	0.1
^{241}Am、^{238}Pu、^{239}Pu、^{240}Pu、^{242}Pu	0.001

注：

（1）这些行动水平的应用前提是可以获得其他的食品供应。在食品供应短缺的情况下，可以使用较高的行动水平。

（2）这些行动水平应用于为消费而制备的食品。如果在稀释或重新配制以前用于干燥或浓缩，则可不必限制。

（3）出于实际考虑，不同核素组的准则应该独立地用在每个组中的核素活性之和。

（4）少量消费的食品类型（如占总的食物消费中很小的一部分和对个人仅附加很小的辐射等），可以有比主要食品的行动水平高出 10 倍的水平。

需说明，通用行动水平的应用仅限于核或辐射应急后的第一年，表 3-7

中的数值对应每组中各种核素的总和，是用于准备消费的食品，不考虑处理（如稀释、清洗等因素）。而且该表是以联合国粮农组织（FAO）、世界卫生组织（WHO）的营养法典委员会关于事故性污染后进入国际贸易的食品中放射性核素的指导水平为基础，并与之一致。

3.2.2.6 干预水平选择的影响因素

核事故期间，源项、自然环境和社会因素等事故条件多变，都会影响决策者对干预水平的选择及防护措施的实施；与此同时，干预水平的选择须灵活、及时，以适应核事故的条件。干预水平选择的主要影响因素如下：

（1）干预原则。任何时候，选择干预水平时，应遵循干预的正当性和最优化原则，并能防止产生严重的确定性健康效应。判断正当性、最优化的基础是进行防护行动的利弊分析，即权衡影响防护行动的利益和危害因素。

（2）事故放射性物质释放的特征和释放量大小。核事故期间，放射性物质释放的特征、释放量等，直接影响受影响区区域的大小和受影响人群的多少；释放物组成、释放高度、释放时间等释放特征，将影响主要照射途径、最大剂量大小与出现位置以及实施防护措施的时间，从而影响防护措施的代价、困难，影响干预水平的优化选择。

（3）事故期的气象条件。核事故期间，气象条件也是重要的影响因素，风向、风速、降水都将影响受影响区大小、方位和主要照射途径，不同的气象条件，可能采取不同的主要防护措施。

（4）受影响的特殊人群组。孕妇、儿童等敏感人群，以及老弱病残人员等特殊人群，都会对防护行动的顺利实施造成一定的影响。对敏感人群组，可以在较低干预水平下实施防护行动；而对特殊人群组，或许要在较高干预水平下实施防护行动。

（5）社会条件。人口分布、通信、交通等社会条件及可得到用于防护行动实施的资源条件，同样影响干预水平的优化选择。

在实践中，如上所述，影响干预水平选择的因素较多，因此选择干预水平值时，应综合考虑当时的主导情况和特殊情形，并因情况不同而改变，即制订实际的干预计划时，干预水平的选择应具一定的灵活性。例如，当实施防护行动的代价、风险或困难相对较大时，在较高的干预水平下实施撤离才是正当的。

3.2.3　操作干预水平

在反应堆应急计划和响应中，采取公众防护行动的主要依据是干预原则和干预水平。干预水平是预期的剂量或被认可的剂量，而依据剂量来判断是否有必要引入某种防护行动，就必须将已得到的监测数据转换成相应的剂量水平，然后进行判断，很可能延误防护行动的实施，难以满足实际应急的需要，基于此，人们提出了操作干预水平（Operational Intervention Level，OIL）这一概念。

操作干预水平是指通过现场仪器测量或通过实验室检测分析得到的与干预水平相对应的计算水平，通常采用剂量率、所释放放射性物质的活度、一段时间内的空气放射性浓度，地面或表面活度以及环境介质、食物和水样品中放射性核素的放射性浓度来表示。参照操作干预水平，可立即、直接地利用相应的测量（监测）数据来确定适当的防护行动。IAEA、ICRP 等国际组织建议各国建立相应的操作干预水平机制。核事故期间，比较监测数据与批准的操作干预水平，当监测数据超过操作干预水平时，即要求采取相应的防护和响应行动。因此应用操作干预水平，可根据监测结果立即确定适当的防护行动，使防护行动满足实际应急的需求。

对于核事故的操作干预水平，迄今有三个版本，分别是 1997 年 IAEA 出版的技术报告 TECDOC-955（以下简称 IAEA-955 报告）、2011 年 IAEA 出版的安全标准《用于准备和响应核与辐射应急通用安全准则的标准（暂行版）》（以下简称 IAEA-GSG-2），以及 2013 年 IAEA 在总结福岛事故经验基础上出版的《轻水反应堆严重事故应急公众防护行动（应急准备与响应—

核电厂公众防护行动）》（EPR-NPP Public Protective Actions 2013）（以下简称 IAEA-2013 报告）。

比较 IAEA-GSG-2 与 IAEA-955 报告，主要差别体现在，通用准则取代了以前描述的通用干预水平和通用行动水平体系，并基于设定的参考水平（20～100 mSv），得到了缺省的操作干预水平（OIL）；将 9 类 OIL 改为 6 类，这 6 类 OIL（OIL1～OIL6）主要涉及放射性沉积，个体放射性污染以及食物、牛奶和水的放射性污染等方面，但是未包括仍处在不断释放过程中的烟羽中的剂量率或空气放射性浓度对应的 OIL，以及由再悬浮引起的空气放射性浓度 OIL。

比较 IAEA-2013 报告与 IAEA-GSG-2，主要差别则体现在，IAEA-2013 报告将 IAEA-GSG-2 的 6 类 OIL 改为 8 类，但是 OIL5 和 OIL6 被使用于其他方面，与反应堆堆芯或乏燃料池事故导致的放射性释放基本无关；IAEA-2013 报告给出的各 OIL 默认值主要用于轻水反应堆核应急，也可以用于石墨慢化堆，但是不适用重水堆（CANDU）。

目前，我国核电厂制定 OIL 时，参考的是 IAEA-955 报告所推荐的 OIL。表 3-8 列出 IAEA-955 报告中 OIL1～OIL9 的默认值。

表 3-8　IAEA 推荐的压水堆事故中操作干预水平缺省值

OIL	定义	缺省值	防护行动	缺省值的假定条件
OIL1	烟羽环境剂量率	1 mSv/h	撤离或在专设的隐蔽所隐蔽	堆芯熔化事故后泄漏的放射性物质导致吸入剂量为烟羽外照射剂量的 10 倍，烟羽照射 4 h，该防护行动的可防止剂量为 50 mSv
OIL2	烟羽环境剂量率	0.1 mSv/h	服用稳定碘和临时隐蔽	堆芯熔化事故后泄漏的放射性物质导致吸入甲状腺剂量为烟羽外照射剂量的 200 倍，烟羽照射 4 h，该防护行动的可防止剂量为 100 mSv
OIL3	地面沉积环境剂量率	1 mSv/h	撤离或在专设的隐蔽所隐蔽	照射时间 1 周，由于核素衰减和屏蔽等因素造成剂量减少 75%，防护行动的可防止剂量为 50 mSv

续表

OIL	定义	缺省值		防护行动	缺省值的假定条件
OIL4	地面沉积环境剂量率	0.2 mSv/h		临时避迁	地面污染核素组成为堆芯熔化混合核素在事故后 4 d 时的典型值，由衰变和环境因素造成的衰减因子为 50%，30 d 该防护行动可防止剂量为 30 mSv。该 OIL 适用于停堆后 2～7 d
OIL5	地面沉积环境剂量率	1 μSv/h		食物和牛奶的预防性禁用	由这些高于本底值的污染地区生产的食品或牛奶，其污染可能超过通用行动水平
OIL6	地面沉积环境中 ^{131}I 活度	普通食品	10 kBq/m^2	禁止食用食物	①^{131}I 为主要污染核素（适用于停堆 1～2 个月）；②食品受到直接污染或奶牛直接食用受到污染的牧草；③污染食品未经加工处理
		牛奶	2 kBq/m^2	禁止食用牛奶	
OIL7	地面沉积环境中 ^{137}Cs 活度	普通食品	2 kBq/m^2	禁止食用食物	①^{137}Cs 为主要污染核素（适用于停堆 2 个月后）；②食品受到直接污染或奶牛直接食用受到污染的牧草；③污染食品未经加工处理
		牛奶	10 kBq/m^2	禁止食用牛奶	
OIL8	食物、水或牛奶样品中 ^{131}I 活度	普通食品	1 kBq/kg	限制食物	①^{131}I 为主要污染核素（适用于停堆 1～2 个月）；②污染食品未经加工处理
		牛奶和水	0.1 kBq/kg	限制牛奶和水	
OIL9	食物、水或牛奶样品中 ^{137}Cs 活度	普通食品	0.2 kBq/kg	限制食物	①^{137}Cs 为主要污染核素（适用于停堆 2 个月后）；②污染食品未经加工处理
		牛奶和水	0.3 kBq/kg	限制牛奶和水	

如前所述，IAEA 在总结福岛核事故经验基础上，于 2013 年出版的 IAEA-2013 报告中推荐了新的 OIL 值。新的 OIL 有 8 种操作干预水平，分两类，即紧急防护行动的 OIL 和早期防护行动的 OIL。OIL1～OIL4 用于紧急防护行动，主要包括碘防护、撤离、短期隐蔽，减少不慎摄入，人员去污，

防止潜在受污染食物、牛奶或水的摄入，以及确定需要接受医学检查的人员等；OIL2、OIL7、OIL8 用于早期防护行动，主要包括避迁、长期限制受污染食物的消费以及需接受医疗检查人员的登记等。OIL5 和 OIL6 则用于其他方面，与反应堆堆芯或乏燃料池事故所致放射性释放基本无关。

应指出，我国核电厂现仍参考采用 IAEA-955 报告推荐的 OIL，与 IAEA-2013 报告推荐的 OIL 并不匹配，且实际应用中，IAEA-955 报告推荐的 OIL 已暴露许多问题，例如，根据 IAEA-955 报告，对于早期行动，需测量烟羽中的周围剂量率或空气中放射性核素的活度浓度（体积活度），但是在许多情况下，严重释放的时间长度可能超过环境监测的时间，使得监测时烟羽的释放并未结束，造成监测数据的不准确，且空气样品中放射性核素的活度浓度分析时间较长，难以及时得到结果。

3.3 应急计划区

3.3.1 应急计划区的概念

应急计划区是为在核设施发生事故时能及时有效地采取保护公众的防护行动，事先在核设施周围建立的、制定有应急预案并做好应急准备的区域。应急计划区、事故放射性释放的时间特征和释放的辐射特征，是制订应急计划重要的技术基础，而应急计划区是其中最重要的内容。

根据《核电厂核事故应急管理条例》，我国核电站应急计划区分为烟羽应急计划区和食入应急计划区。

烟羽应急计划区针对的照射途径包括：放射性烟羽产生的直接外照射，吸入放射性烟羽中放射性核素产生的内照射和沉积在地面的放射性核素产生的外照射。食入应急计划区则针对下列主要照射途径：摄入被事故释放的放射性物质污染的食物和水而产生的内照射。

应急计划区不要求一定是圆形，可针对核设施设计和场址特性及周围地形、社会情况提出实际的应急计划范围。应当指出，不能认为应急计划区内是不安全的，当然也不能认为应急计划区外是绝对安全的。在多数事故情况下，需要采取应急响应行动的区域可能只局限于相应应急计划区的一部分，但在发生严重核事故的极个别情况下，也有可能需要在相应应急计划区之外的区域采取应急响应行动。因此，应急计划区不等于应急响应区。

3.3.2　应急计划要考虑的事故范围

应付任何自然灾害（如台风、地震、洪水等）和事故（如飞机、火车失事和火灾、爆炸等）所采取的措施，都须依据拟应付事件的规模和范围来确定。针对核事故的应急预案和应急计划区同样必须明确要考虑的事故范围。

制定核事故的响应预案时，考虑事故的后果时必须覆盖比较大的范围，从那些不需要场外应急行动或者预期场外后果很小的事故，到场外有严重后果的事故（即使发生这种事故的概率可能很小）。一般不应该把单一的事故后果作为应急预案的依据，应急预案必须能处理各种各样的可能事故。我国应急管理条例和国际机构都明确要求在制定应急预案时，除了必须考虑包括在安全分析报告中所分析的设计基准事故，还必须考虑比这些假想事故工况更为严重的事故，即超设计基准事故。

在决定应急预案是否应该应对某一事故时，要考虑该事故发生的可能性和它可能产生的后果。例如，由于大的陨星直接坠落在反应堆建筑物的可能性很小，在应急预案中一般无须考虑陨星撞坏反应堆的事故。一般的做法：事故发生的概率越小，应急预案相应部分的详细程度就越低。需要计划场外响应的大多数事故，主要是涉及放射性物质向大气的潜在释放事故。

在福岛核事故发生前，一般认为向水环境释放的事故发生的可能性较小，所以核电厂和研究堆的应急计划，通常考虑的主要是向大气释放的潜在事故，同时要考虑通过大气途径释放后向地面沉降引起水体的放射性污染。福岛核事故发生后，向水环境释放造成的危害影响，在应急预案中也需考虑。

3.3.3 应急计划区划分方法的原则

国际上提出的决定应急计划区大小的一般原则：对应急计划所考虑的事故进行分析，估计其场外的预计剂量（即在不采取应急防护措施条件下居民个人可能受到的剂量），与干预水平相比较，使得计划区外的预计剂量不超过相应的干预水平。在应急计划区大小的划分上，基于所考虑的事故和采用的干预水平，各国都有比较大的差别。

3.3.3.1 烟羽应急计划区要满足的准则

（1）设计基准事故产生的预计剂量在该区域外不会超过干预水平；

（2）由大多数堆芯熔化事故序列产生的预计剂量在该区域外不会超过干预水平；

（3）对于最严重的堆芯熔化事故序列，在该区域外一般不会立即产生对生命有威胁的剂量；

（4）在该区域内的详尽计划，为在事故中扩大响应范围（如果证明是必要的话）提供一个很好的基础。

3.3.3.2 食入应急计划区要满足的准则

（1）由于在放射性释放和在大气中输运期间风向的变化，在此区域外一般不会有超过（食入）干预水平的污染；

（2）大气中的碘（即长时间在大气中悬浮的碘）有可能在该区域内转变为不容易进入食入途径的化学形式；

（3）在此区域内，放射性烟羽中任何一种放射性物质大部分都已沉降到地面；

（4）在此区域外边界处超过食入干预水平的概率，与在烟羽应急计划区外边界处超过烟羽照射途径的干预水平的概率差不多相同。

3.3.4　我国核电站应急计划区的大小

《国家核应急预案》规定，烟羽应急计划区是以核电站为中心、半径为 7～10 km 划定的区域，需要采取撤离、隐蔽和服用稳定碘等紧急防护行动。烟羽应急计划区又可分为内、外两区，内区的半径为 3～5 km，重点应做好预防性撤离准备。食入应急计划区是以核电站为中心、半径为 30～50 km 划定的区域。在这个区域内要做好事故情况下食物和饮用水的辐射监测及控制的应急准备。食入应急计划区包括烟羽应急计划区在内。图 3-1 为核电站应急计划区示意。内区要计划的防护措施主要是撤离、隐蔽和服用碘片。外区要计划的防护措施是隐蔽和服用碘片，食入应急计划区要计划的防护措施是控制食物和饮水，表 3-9 列出了我国部分核电厂应急计划区范围的建议值。

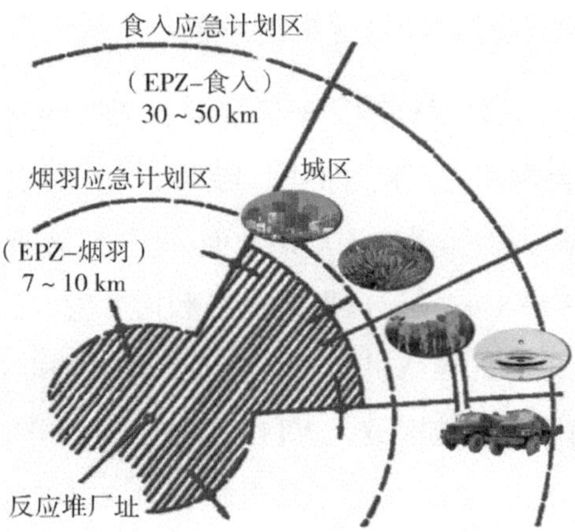

图 3-1　核电站应急计划区示意图

表 3-9 我国核电站应急计划区范围建议值
[用以反应堆为中心的半径（单位：km）表示]

<table>
<tr><td colspan="2">应急计划区</td><td>计划的主要防护措施</td><td>大亚湾核电站</td><td>秦山核电基地</td><td>田湾核电站</td><td>红沿河核电站</td></tr>
<tr><td rowspan="2">烟羽应急计划区</td><td>内区</td><td>隐蔽、预防性撤离、服用碘片</td><td>0～5</td><td>3～5</td><td>0～4</td><td>0～5</td></tr>
<tr><td>外区</td><td>隐蔽、撤离、服用碘片</td><td>5～10</td><td>5～7</td><td>4～8</td><td>5～10</td></tr>
<tr><td colspan="2">食入应急计划区</td><td>食物和水控制</td><td>0～50</td><td>0～30</td><td>0～30</td><td>0～50</td></tr>
</table>

当建造较低功率的核电站时，可以考虑采用上述应急计划区半径的下界值，但必须经过论证。应急计划区之所以考虑核反应堆功率，这是因为反应堆内的各放射性核素的总量一般与堆的功率成正比，功率越大，放射性总量就越大，潜在的危害也就越大。

3.3.5 应急计划区内的准备

3.3.5.1 核电站烟羽应急计划区内的准备

烟羽应急计划区是针对烟羽照射途径的。所谓烟羽照射途径包括三种主要照射来源：来自烟羽的直接外照射，吸入烟羽中放射性核素造成的内照射，烟羽放射性沉降到地面引起的早期地面外照射。需要采取的防护措施是撤离、隐蔽和服用碘片。对于这些照射途径和需要采取的防护措施，核电站所在省、市和其他地方的应急机构要做好如下计划和准备：

（1）核电站周围的行政区域、人口分布和交通详图。

（2）标有撤离路线、撤离区域、预先确定的放射性监测点和取样点，以及接受撤离人员的安置点和隐蔽场所的地图。

（3）计划和准备好通知长期居住的和临时居住的居民的手段。

（4）对于各种特殊人群（包括由于习惯或疾病、年龄等因素活动能力较差的居民组）的防护手段。

（5）对需要撤离但因工作需要不能立即撤离的人员（如某些特殊产业的工厂人员）的防护手段。

（6）使用抗辐射防护药品，特别是对应急人员和在烟羽应急计划区不能立即撤离或者立即撤离有困难的人员使用抗辐射防护的规定，包括药品的数量、贮存和发放办法。

（7）在应急状态下省卫生部门给公众服用抗辐射防护药品的决策程序和场外应急人员使用药品的预先确定的条件。

（8）避迁的方法。

（9）准备好撤离人员安置点。这些安置点至少应在烟羽应急计划区边界之外 10 km，最好更远一些。

（10）在应急条件下预计撤离路线上的运输能力。

（11）计划和准备通往撤离区的出入管制和明确实施这种管制的机构及其职责。

（12）研究确定并解决在撤离路线上可能存在的障碍（如因季节的关系不能使用的道路）和处理意外交通事故的措施。

（13）根据烟羽应急计划区内的人口分布、用于撤离的道路设施（类型、交通容量和位置）和车辆调度等实际情况，估计各方位和距离的撤离时间。

（14）在应急条件下针对烟羽照射途径采取防护措施的依据，这包括预计当地住房或其他隐蔽建筑物对直接照射和吸入内照射的防护能力。这就需要预先研究确定当地住房建筑和公共建筑物的屏蔽能力及密封性能。

3.3.5.2　核电站食入应急计划区内的准备

食入应急计划区（包括烟羽应急区）采取的主要防护措施是控制食物和饮用水，这通常是事故中期和后期的防护行动。食入应急计划区内的准备如下：

（1）确定防止公众食用污染食品的方法。

（2）确定探测污染的方法。

（3）制定控制食物和水的防护实施程序，如蓄水、去污、处理、衰变、产品转换和贮存等。

（4）准备食入应急计划区内主要土地使用情况（如耕种、放牧的情况）、牛奶场、食品加工厂、水源的取水口和处理厂、蓄水池、水泵房等分布情况的地图，以及表示农作物产量、产地和农作物消费详细情况的地图。

第 4 章 核应急法规与组织体系

4.1 核应急法规与标准

各行各业都需要合适的法律规章进行规范，核应急工作更是如此。核应急是为了控制核事故、缓解核事故、减轻核事故后果而采取的不同于正常秩序和正常工作程序的紧急行为，是政府主导、企业配合、各方协同、统一开展的应急行动。核应急是一项涉及面广、技术性强、社会影响大、政治敏感度高的社会系统工程，事关重大、涉及全局，对于保护公众、保护环境、保障社会稳定、维护国家安全具有重要意义。加强核应急法治建设，形成与国际通行的核应急法规标准相适应的、较为完善的核应急法规体系，使各类核设施与核活动的应急工作有法可依、依法实施，将有力促进我国核安全水平的提高，保障我国核电建设与核技术利用的健康发展。核应急管理的制度化、规范化和法制化，一方面可以使国家和军队的核应急工作主管部门依法施政，依法履行核应急的管理职能，提供进行审评、监督的法律依据；另一方面可以明确各级核应急组织和力量在应急准备和应急响应工作中的职责和任务，形成职权明晰、配合密切、上下衔接、协调顺畅的核应急工作格局。

4.1.1 国家核与辐射应急法规体系的层次

我国从 20 世纪 80 年代开始建设核电，切尔诺贝利核事故的发生，给我国的核电事业敲响了警钟，我国政府和核电管理层开始意识到核应急工作的重要性，也意识到建设核应急法规体系的重要性。与此同时，一些国际组织和核电先进国家开始对核安全问题变得极为关注，IAEA、联合国原子辐射效应科学委员会、OECD/NEA 等陆续出版了一些与核应急相关的出版物，正是通过广泛收集、仔细研究核电先进国家的核应急法规，在参照国际原子能机构的核安全基本法则、安全要求及导则的基础上，结合我国的实际情况，初步建成了主要针对核电厂的核应急法规体系，形成了纵向上由国家法律到国务院行政法规、国务院各部委部门规章、国家标准及管理导则的不同层次，横向上涉及核设施与核活动等不同领域的体系结构。我国的核应急法规体系层次如图 4-1 所示。

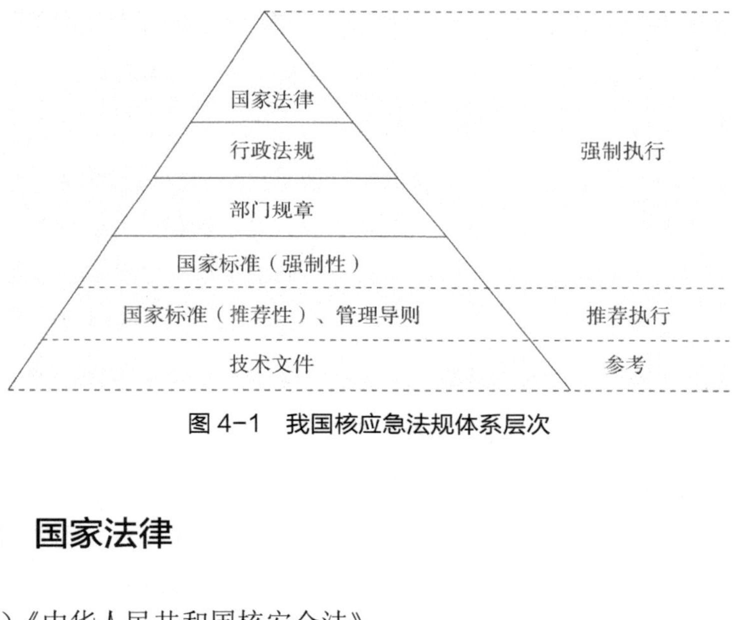

图 4-1　我国核应急法规体系层次

4.1.2　国家法律

（1）《中华人民共和国核安全法》

《中华人民共和国核安全法》是我国核安全领域的根本法，由全国人民代表大会常务委员会于 2017 年 9 月 1 日发布，自 2018 年 1 月 1 日起施行。该法共八章 94 条，分为总则、核设施安全、核材料和放射性废物安全、核事故应急、信息公开和公众参与、监督检查、法律责任、附则，是对从事核设施的选址、设计、建造、调试、运行和退役，核安全设备的设计制造安装，以及其他核活动进行规范和调整的专门法律文件。其目的是防范、缓解与消除核技术开发利用中可能发生的核事故风险，保护人类和环境免受不当辐射的危害。

《中华人民共和国核安全法》第四章为核事故应急，共 8 条，原则规定了国家核事故应急协调委员会、省（自治区、直辖市）核事故应急协调委员会、国务院核工业主管部门、省（自治区、直辖市）人民政府指定的部门、核设施营运单位、中国人民解放军和中国人民武装警察部队等的基本职能任务，明确了核事故应急准备金制度、核事故应急实行分级管理机制、核事故应急信息发布机制、核事故调查处理的责任单位等。第五十四条规定："国家设立核事故应急协调委员会，组织、协调全国的核事故应急管理工作。省、自治区、直辖市人民政府根据实际需要设立核事故应急协调委员会，组织、协调本行政区域内的核事故应急管理工作。"第五十五条规定："国务院核工业主管部门承担国家核事故应急协调委员会日常工作，牵头制定国家核事故应急预案，经国务院批准后组织实施。国家核事故应急协调委员会成员单位根据国家核事故应急预案部署，制定本单位核事故应急预案，报国务院核工业主管部门备案。"第五十六条规定："核设施营运单位应当按照应急预案，配备应急设备，开展应急工作人员培训和演练，做好应急准备。核设施所在地省、自治区、直辖市人民政府指定的部门，应当开展核事故应急知识普及活动，按照应急预案组织有关企业、事业单位和社区开展核事故应急演练。"

（2）《中华人民共和国突发事件应对法》

《中华人民共和国突发事件应对法》于 2007 年 11 月 1 日正式实施，规定了基本的应急管理法律规则和法律程序。该法律对包括核事故在内的所有突发事件的预防与应急准备、监测与预警、应急处置与救援、事后恢复与重建等应对活动做了原则性的规定。当然，出现相关突发公共事件时，应当首先运用单项法规规定的措施，如果单项法规规定的措施不能克服危机，就要采用《中华人民共和国突发事件应对法》中规定的应急措施。

《中华人民共和国突发事件应对法》规定："国家建立统一领导、综合协调、分类管理、分级负责、属地管理为主的应急管理体制。"还规定："国务院在总理领导下研究、决定和部署特别重大突发事件的应对工作；根据实际需要，设立国家突发事件应急指挥机构，负责突发事件应对工作；必要时，国务院可以派出工作组指导有关工作。”

（3）《中华人民共和国放射性污染防治法》

《中华人民共和国放射性污染防治法》是防治放射性污染的专项法律。该法于 2003 年 10 月 1 日开始施行，主要目的是防治放射性污染，保护环境，保障人体健康，促进核能、核技术的开发与和平利用。该法对我国的核应急管理工作提出了明确要求。该法涉及绝大多数核设施与核活动过程中发生的放射性污染的防治活动，对于军用核设施、军队负责管理的核设施核装备只有原则规定，因此在附则中专门对此进行了说明。第八条规定：“国务院环境保护行政主管部门（环保部）对全国放射性污染防治工作依法实施统一监督管理。”第二十六条规定：“国家建立健全核事故应急制度。核设施主管部门、环境保护行政主管部门、卫生行政部门、公安部门以及其他有关部门，在本级人民政府的组织领导下，按照各自的职责依法做好核事故应急工作。中国人民解放军和中国人民武装警察部队按照国务院、中央军事委员会的有关规定在核事故应急中实施有效的支援。”第六十条规定：“军用设施、装备的放射性污染防治，由国务院和军队的有关主管部门依照本法规定的原则和国务院、中央军事委员会规定的职责实施监督管理。”

此外，与核应急相关的法律还有《中华人民共和国安全生产法》《中华人民共和国环境保护法》和《中华人民共和国职业病防治法》等。2018 年 9 月，《中华人民共和国原子能法（征求意见稿）》公开征求意见，该法近年有望出台。

4.1.3 国务院和军队行政法规

（1）《核电厂核事故应急管理条例》

切尔诺贝利核事故发生后不久，国务院核电办与核工业部、国家核安全局联合召开了“全国核事故应急对策”第一次研讨会，随之组成了《核电厂核事故应急管理条例》起草小组和编审组，开始了条例的起草工作。条例在经过几年的酝酿、讨论修改和修订后，于 1993 年 8 月 4 日由国务院第 124 号令予以颁布。

《核电厂核事故应急管理条例》是我国应急管理第一个法规，也是我国目前有关核应急的专项最高行政法规文件。第一章“总则”第三条提出了我国核应急管理工作“常备不懈，积极兼容，统一指挥，大力协同，保护公众，保护环境”的 24 字工作方针。第二章“应急机构及其职责”中规定了我国核应急管理的国家核应急组织、核电厂所在省（自治区、直辖市）核应急组织和核电厂营运单位应急组织三级组织体系及各级组织的职责，并特别提出“中国人民解放军是核应急工作的重要力量，应在核应急响应中实施有效的支援”。第三章“应急准备”规定了各级应急计划的制定内容与审批权限，并明确规定“中国人民解放军总部应当根据国家核事故应急计划，制定相应的核事故应急方案，报国务院指定的部门备案”，该章还对核电厂职工的教育、核电厂附近居民相关知识的普及教育、核应急演习和培训做出了规定。第四章“应急对策和应急防护措施”规定了核电厂的应急待命、厂房应急、场区应急、场外应急四种应急状态，对不同应急状态下各级应急组织的应急响应程序和职责做了规定，同时规定了应急通知和通报的制度、保护应急响应人员、核事故后果预测评价、环境辐射监测、应急防护措施等。第五章“应急状态的终止和恢复措施”规定了应急状态终止的程序、终止的审批权限和终止后的工作。第六章“资金和物资保障”提出了“积极兼容”的原则要求，规定了场内应急准备资金和场外应急准备资金的承担对象。第七章为“奖励与处罚”。第八章“附则”对一些用语进行了定义。

《核电厂核事故应急管理条例》的颁布实施，有力推动和规范了我国核应急管理工作，为保障核电事业健康安全发展起到了重要的作用。尤其是 24 字工作方针，反映了我国政府对核事故应急工作特点的认识，确定了核事故应急管理工作的组织与领导原则以及核事故应急工作的根本目的。它吸取了国际经验，符合我国国情，是组织实施核事故应急管理工作的指针。

常备不懈、积极兼容是指各级核应急组织应以“养兵千日，用兵一时”的态度，充分准备，随时应对可能发生的核事故；建立健全专兼配合、资源整合、平战结合、军民融合的核应急准备与响应体系；核应急与其他工作统筹规划、统筹部署、兼容实施。统一指挥、大力协同是指核设施营运单位统一协调指挥场内核事故应急响应行动，各级政府统一协调指挥本级管辖区域内核事故应急响应行动；在政府统一组织指挥下，核应急组织、相关部门、相关企业、专业力量、社会组织以及军队救援力量等协同配合，共同完成核事故应急响应行动。保护公众、保护环境是指核应急始终将保护公众作为根本宗旨，以一切为了人民的态度和行动应对处置核事故；把保护环境作为核应急的根本要求，尽可能把核事故造成的放射性物质释放降到最小，最大限度地控制、减轻或消除对环境的危害。对应急管理工作方针的贯彻执行，是各有关应急组织特别是领导者和主管业务部门的重要责任。应急管理工作方针的顺利贯彻执行，将使应急工作沿着正确、健康的轨道前进。

不过，随着我国核能事业的规模发展和核技术的广泛应用，核应急工作面临的形势任务与内外发展环境都发生了较大变化。因此，《核电厂核事故应急管理条例》修订工作也提上日程，2004 年，国家核事故应急协调委员会就启动了条例修订工作。

（2）《军队参加抢险救灾条例》

为了发挥军队在抢险救灾中的作用，国务院和中央军委于 2005 年 6 月联合发布了《军队参加抢险救灾条例》。条例是依据《中华人民共和国国防法》的规定制定的，共 18 条，以法规的形式对军队参加抢险救灾的行动进行了规范，可以说是规范军队参加国家核事故应急救援行动的顶级法规。一是明确了救灾任务，条例本着“抢险救急为主”的原则，对军队参加抢险救灾的主要任务进行了规范，即军队参加抢险救灾主要是担负突击性任务，确保部队使用在关键时刻和关键部位。二是明确了组织指挥，条例规定，军队参加抢险救灾是在人民政府的领导下，军地联合，统一指挥，并对指挥机构、指挥关系、职责分工、协调配合等问题进行了具体规范。三是明确了兵力动用，动用军队兵力、装备参加抢险救灾，必须按照规定的批准权限和程序办理。考虑到抢险救灾的紧迫性，条例明确，在紧急情况下，地方人民政府可以直接向驻地部队提出救助请求，部队可以边行动，边报告。四是明确了平时准备，条例规定，部队在平时应当制定参加抢险救灾预案，开展救灾训练。五是明确了行动保障，条例规定，军队参加国务院组织的抢险救灾所耗费用由中央财政负担，军队参加地方人民政府组织的抢险救灾所耗费用由地方财政负担，条例还对地方人民政府为部队提供完成任务所必需的救灾专用装备、物资、器材保障和供给、医疗保障等进行了相应规定。与《中国人民解放军参加核电厂核事故应急救援条例》相比，这部条例在物资器材和装备经费保障方面的要求更为明确。

（3）《中国人民解放军参加核电厂核事故应急救援条例》

1997 年中央军委颁布的《中国人民解放军参加核电厂核事故应急救援条例》，是我军有关核应急的第一部法规。对军队参加地方核电厂核事故的应急救援工作进行了规范。条例共 5 章 25 条，第一章“总则”明确了制定条例的目的、条例的适用范围、军队参加国家核事故应急救援的主要任务和原则以及各级的基本职责。第二章“应急准备”明确了军队参加核事故应急救援的各项准备工作，包括应急计划的内容、制订和审批单位、军地联络、核应急训练考核机制、科学研究、人才培养、物资器材、装备、经费的保障等。第三章“应急救援”明确了应急响应的各项要求，包括军区、省军区的应急响应程序、应急救援指挥主体和方式、军地协同、应急人员的防护、应急状态终止后的行动、新闻发布等。第四章“奖励与处罚”对个人及单位符合奖励和处罚行为的标准进行了明确。第五章为“附则”。总体来说，该条例自 1997 年颁布实施以来，对规范和指导军队参加国家核应急工作、促进军队核应急能力建设发挥了至关重要的作用。

（4）《放射性同位素与射线装置安全和防护条例》

国务院于 2005 年 10 月 31 日发布的《放射性同位素与射线装置安全和

防护条例》，是为加强对放射性同位素与射线装置安全和防护的监督管理而制定的。条例共 7 章 69 条，对辐射事故进行了明确的定义和分级，条例中明确规定，“国务院环境保护主管部门对全国放射性同位素、射线装置的安全和防护工作实施统一监督管理”。发生事故后，主要由县级以上人民政府的环境保护主管部门、公安部门、卫生主管部门进行辐射事故的处理。值得注意的是，尽管从实际工作看，军队曾参与一些辐射事故的处理，但条例中并未涉及要求军队救援的内容。

（5）《中华人民共和国民用核设施安全监督管理条例》

国务院于 1986 年 10 月 29 日发布了《中华人民共和国民用核设施安全监督管理条例》。在涉及核应急方面，该条例规定国家核安全局监督核设施应急计划的制订与实施，核设施主管部门组织所属核设施场内应急计划的制订和实施、参与场外应急计划的制订与实施等。

4.1.4 部门规章

（1）《突发事件应急预案管理办法》

2013 年 10 月 25 日，国务院办公厅以国办发〔2013〕101 号印发《突发事件应急预案管理办法》。该办法分总则，分类和内容，预案编制，审批、备案和公布，应急演练，评估和修订，培训和宣传教育，组织保障，附则共 9 章 34 条，主要用于规范突发事件应急管理，增强应急预案的针对性、实用性和可操作性。

（2）《核应急预案管理办法》

2016 年 7 月 25 日，国家核事故应急协调委员会发布了《核应急预案管理办法》，主要用于加强和规范核应急预案管理，健全和完善预案体系，增强预案的科学性、针对性、实用性、可操作性。该办法共 8 章 32 条，分别为总则、预案的分类和内容、预案的编制、预案的审批和备案、预案的演习、评估和修订、预案的培训和宣传以及附则，规范了国家核事故应急协调委、省（自治区、直辖市）核应急委员会、核设施营运单位和乏燃料运输等核活动责任单位及其所属集团公司（院）核应急预案的制定、审批、发布、备案、演习、修订、培训和宣传等工作。

（3）《核应急报告管理办法》

2015 年，国家核事故应急协调委员会发布了《核应急报告管理办法》（以下简称《办法》），用于取代原国防科工委 2001 年制定的《核电厂核事故应急报告制度》（科工二司〔2001〕1033 号）。该办法根据新版《国家核应急预案》确定的适用范围和国家核应急报告的实际需要进行了名称更改。该制度由适用核电厂营运单位、核电厂所在地的省级核应急主管部门的核应急通告、报告，扩大到所有核设施和乏燃料运输等核活动。办法增加了两章，分别对乏燃料运输等核活动报告制度和其他核设施报告制度进行了明确规定，并提出具体要求。对于核电厂核应急通告和报告的格式内容，国家法律法规或国家有关部门已经做出明确规定的，按照有关规定执行，不在《办法》中的另行规定。《办法》还对省核应急行政管理机构核应急通告和报告的格式及内容进行了调整，做到重点突出、简洁准确。《办法》根据正文内容的变化，增加了其他核设施、核活动等术语解释。

（4）《核事故信息发布管理办法》

2016 年年初发布的《核事故信息发布管理办法》，主要用于规范我国境内发生的核事故信息发布工作。该办法包括目的依据、适用范围、基本原则、管理与发布办法、信息发布的主要内容、发布时限、发布形式、法律责任、保密条款等方面的内容。该制度明确，当核事故启动Ⅰ级和Ⅱ级响应后，由国家核事故应急协调委负责组织发布，有关单位根据职责做好相关信息发布工作，若成立国家核事故应急指挥部，由指挥部组织发布。在启动Ⅲ级和Ⅳ级响应后，当核事故已经或可能引起社会公众广泛关注时，由省级核应急委或省级人民政府指定部门负责组织发布相关信息。乏燃料运输事故、涉核航天器坠落事故相关信息，以及境外发生的对我国大陆已经或可能造成影响的核事故信息，由国家核事故应急协调委负责组织发布。

（5）《核电厂核事故应急准备专项收入管理规定》

2007 年 9 月 29 日，财政部和国防科工委发布了《核电厂核事故应急准备专项收入管理规定》（财防〔2007〕181 号）。该制度规定：场内核应急准备资金由核电企业承担，并作为核电企业的成本开支项目；基建期在工程基建费中列支；运行期在企业的管理费中列支。场外核应急准备资金由核电企业和地方省级人民政府共同承担。其中，核电企业承担的部分，按规定的比例，以财政专项收入的形式分别上缴中央和地方财政，并由中央和地方财政纳入预算内管理；地方承担的部分，由地方省级人民政府自行筹措使用；核电企业承担上缴的场外核应急专项收入作为成本开支项目，基建期在工程基建费中列支，运行期在企业的管理费中列支。该文件规定核电企业缴纳场外核应急准备资金的标准如下：基建期按设计额定容量每千瓦 5 元人民币的标准缴纳，运行期按年度上网销售电量每千瓦时 0.02 分人民币的标准缴纳。

（6）《核事故辐射影响越境应急管理规定》

2002 年 2 月，国防科工委发布了《核事故辐射影响越境应急管理规定》，主要涉及我国境内发生对境外造成或者可能造成辐射影响的核事故的对外通报与信息传递的管理，以及我国受到或者可能受到境外核事故辐射影响时应急响应的管理。我国是国际《及早通报核事故公约》和《核事故或辐射紧急情况援助公约》签字国，本规定是中国履行国际公约的一项实际举措。

（7）《核应急培训管理办法》

2015 年 12 月 26 日，国家核事故应急协调委员会发布了《核应急培训管理办法》，用于取代国防科工委制定的《核电厂核事故应急培训规定》（科工法〔2001〕449 号），其目的是加强和规范核应急培训管理，保证各级各类核应急人员能够掌握必要的核应急知识，保持核应急响应所需要的能力。该办法共 8 章 38 条，分别为总则、培训的职责、培训的基本要求、培训的准备、培训的实施和考核、培训的评估和总结、培训的文档管理以及附则。

此外，另有附件 1 个，规定了核应急培训基本内容。

（8）《核应急演习管理规定》

2015 年 7 月 2 日，国家核事故应急协调委员会发布了《核应急演习管理规定》（以下简称《规定》），主要用于加强和规范核应急演习管理，提高演习的针对性和实效性。该规定用于替代国防科工委制定的《核电厂核事故应急演习管理规定》（科工二司〔2003〕169 号）。该规定考虑新版《国家核应急预案》的要求和实际情况，将适用范围从核电厂的核事故应急演习扩大到核设施和核活动的应急演习，因此进行了名称更改。规定根据国务院应急办印发的《突发事件应急演练指南》章节结构和实际工作需要，对《规定》的框架进行了调整，由 8 章 34 条调整为 8 章 40 条。《规定》在第一章“总则”部分明确演习的责任主体，提出下级核应急组织应积极配合上一级核应急组织开展演习工作，这将有助于各级核应急组织切实履行工作职责，确保核应急演习的统一领导和有序开展。《规定》明确每次演习要成立演习组织机构及其职责；根据日本福岛核事故的教训以及国际反恐斗争形势严峻的现状，对演习的事故情景进行了扩充；针对核应急演习的经费保障力度亟待加强的现状，增加演习经费保障内容。《规定》还强调了演习中对指挥协调、接口关系和应急决策等重要环节的演练，提出鼓励采取事先不通知单位、不依赖脚本的演习方式和非工作时间演习。提倡各级核应急组织积极开展更易于组织、相对投资额度小、准备周期短的桌面演习。

（9）《核反应堆乏燃料道路运输管理暂行规定》

2003 年 6 月，国防科工委、公安部、交通部和卫生部联合发布了《核反应堆乏燃料道路运输管理暂行规定》。该暂行规定涉及应急管理的内容主要有国防科工委分工负责审查乏燃料运输事故应急预案，托运人或其代理人在首次进行乏燃料运输前应将乏燃料运输事故的应急预案及主要执行程序交国家核应急办公室审查等。

（10）《辐射损伤医学处理规范》

为加强和规范核或辐射事故时应急医学处理工作，卫生部和国防科工委于 2002 年 5 月联合发布了《辐射损伤医学处理规范》。该规范等效采用国际原子能机构 1998 年发布的安全报告丛书第 2 号《辐射损伤的诊断与处理》。

4.1.5 国家标准

（1）《电离辐射防护与辐射源安全基本标准》

国家质量监督检验检疫总局于 2002 年 10 月发布了《电离辐射防护与辐射源安全基本标准》（GB 18871—2002），该标准是以国际原子能机构安全丛书 BSS 115 号《国际电离辐射防护和辐射安全基本安全标准》为基础，结合我国现行辐射防护基础标准进行修订的，属于国家强制性标准。该标准明确了“对干预的主要要求”和“应急照射情况的干预”，提出了干预的基本原则及管理要求、责任、应急计划、干预的决策与干预水平、事故后的评价和监测、从事干预的工作人员的防护等。该标准是我国核应急管理中的一项重要标准。

BSS 115 由联合国粮农组织、国际原子能机构、国际劳工组织、经济合作与发展组织核能机构、泛美卫生组织和世界卫生组织 6 个国际组织批准并联合发布。2014 年国际原子能机构对 BSS 115 进行了修订，并在《辐射防护与辐射源安全：国际基本安全标准》（GSR-3）中对应急照射情况下公众照射的控制提出了具体要求。为适应形势发展和电离辐射防护与辐射源安全需要，目前，我国相关部门正在组织对 GB 18871—2002 进行修订。

（2）《核电厂应急计划与准备准则》

《核电厂应急计划与准备准则》（GB/T 17680）是有关核电厂应急计划与准备的国家推荐性系列标准，现已发布的有 12 个，这些标准为实施核电厂场内、场外的应急准备提供了较好的技术依据。主要如下：

GB/T 17680.1—2008 第 1 部分：应急计划区的划分

GB/T 17680.2—1999 场外应急职能与组织

GB/T 17680.3—1999 场外应急设施功能与特性

GB/T 17680.4—1999 场外应急计划与执行程序

GB/T 17680.5—2008 第 5 部分：场外应急响应能力的保持

GB/ T 17680.6—2003 场内应急响应职能与组织机构

GB/T 17680.7—2003 场内应急设施功能与特性

GB/ T 17680.8—2003 场内应急计划与执行程序

GB/ T 17680.9—2003 场内应急响应能力的保持

GB/ T 17680.10—2003 核电厂营运单位应急野外辐射监测、取样与分析准则

GB/T 17680.11—2008 第 11 部分：应急响应时的场外放射评价准则

GB/ T 17680.12—2008 第 12 部分：核应急练习与演习的计划、准备、实施与评估

4.1.6　国际公约

国际公约《及早通报核事故公约》是在切尔诺贝利核事故发生后不久，于 1986 年 9 月在维也纳召开的国际原子能机构特别大会通过的，我国是该公约的缔约国。该公约由序言和正文组成，共 17 条，其主旨是进一步加强安全发展和利用核能方面的国际合作，通过在缔约国之间尽早提供有关核事故的信息，以使可能超越国界的辐射后果减少到最低限度。公约主要包括缔约国的业务、核事故的通报内容等。

《核事故或辐射紧急情况援助公约》与《及早通报核事故公约》同时通过。该公约由序言和正文组成，共 19 条，旨在进一步加强安全、发展和利用核能方面的国际合作，建立一个将有利于在发生核事故或辐射应急时迅速提供援助，以尽量减少其后果的国际援助体制。

此外，《核安全公约》于 1994 年 6 月由国际原子能机构在其总部举行的外交会议上通过，我国是该公约的缔约国。该公约由序言和正文组成，共

35 条，公约的目的是通过加强本国措施与国际合作，包括适当情况下与安全有关的技术合作，以在世界范围内实现和维持高水平的核安全；在核设施内建立和维持防止潜在辐射危害的有效防御措施，保护个人、社会和环境免受来自此类设施的电离辐射的有害影响；防止带有放射后果的事故繁盛和一旦发生事故时减轻此种后果。

联合国大会还于 2005 年 4 月通过了《制止核恐怖行为国际公约》，这是自美国“9·11”恐怖袭击后国际社会通过的第一个全球反恐怖主义协定。该公约由序言和正文组成，共 28 条，公约对核恐怖行为的定义进行了界定，规定各国政府有义务惩罚或驱逐非法拥有核装置或放射性物质的人，包括威胁使用或企图拥有放射性物质和核装置的人。

4.2 应急组织体系

应急组织体系，是开展应急管理工作的机构的体系化构成。建立、健全核与辐射应急管理的组织体系，是做好应急准备与响应的主要条件之一。由于核应急响应涉及国家、地方和营运单位多个层面、多个部门，因此需要通过法律法规或者规章等对核或辐射应急准备与响应方面的安排做出授权，规定进行协调的国家主管部门，并明确各级政府部门、组织、应急力量的职责分工。

4.2.1 世界主要核能发达国家核应急组织体系

4.2.1.1 美国核应急组织体系

美国既有发达的核电工业，也有完整的核武器和军用反应堆研制生产系统。美国的应急管理采取“应急一体化”的模式，即“一律由各级政府的应急管理部门统一调度指挥”，在国家级层面，由国土安全部对各类应急实施一体化管理。

美国注重立法，习惯通过法律来界定不同政府机构在紧急情况应对时的职责和权限，理顺各机构关系。在其 1954 年的《原子能法》及其修订案和 1974 年的《联邦能源重组法案》中，明确提出“国防部和能源部负有保护核材料、核机构、核信息，及其控制的核武器安全的责任，核管会负责监管全国民用核设施、核材料及相关副产品，环境保护署管理其他直接或间接影响公众健康的放射性事件”。

美国参与核应急管理的部门较多，但在联邦应急管理局的统一调度下，能够做到各级机构权责分明、协调有力。美国核应急工作起步早且注重法律法规建设和导则的编写，这些成文的规定成为其他国家效仿的典范，甚至连国际原子能机构的很多安全导则都是借鉴美国经验后拟订的，并在世界范围推行。

美国核事件应急组织体系分为四个层级，自上而下分别为联邦政府、州政府、地方（或土著部落）政府和具体“涉核”单位（如民用核电站、拥有研究用核反应堆的科研机构等）。每个层级都包含四个有机组成部分，即政府部门、专业实验室、公共卫生服务机构和私营部门组织（包括非营利机构）。由于核事业本身的特点及核事件应急反应的专业性质，联邦政府向来掌握着最丰富的资源，承担着最主要的职责。

（1）联邦层面的主要责任机构

美国的核应急组织体系由美国国土安全部联邦应急管理局、能源部和核管理委员会共同管理。由于核应急涉及政府机构较多，根据能力、职责和权限，相关的联邦政府机构被划分为“协调机构”（指拥有、保存、管理核材料和核设施的联邦机构，或指定对核事件响应行动负责的联邦机构）和“合作机构”（提供其他技术和资源支持的联邦机构）。在核事件应急管理体制中，有 20 家联邦机构扮演着不同的角色，其中最重要的机构有 6 家，分别是国土安全部、国防部、核管理委员会、能源部、环境保护署以及卫生与公众服务部。下面重点介绍这几个核应急相关政府机构。

国土安全部在美国核事件应急组织体系中处于关键地位。首先，它是20家联邦机构参加的联邦核事件应急协调委员会的牵头者，并领导委员会的工作。该委员会的主要职能是不断完善国家核事件应急计划，统一协调有关政策、应急措施程序、调研活动以及对于州、地方和土著部落地区政府的支持与指导。其次，通过联邦应急管理局，促进对突发核事件的跨部门、跨区域、跨行政层级、跨官方与民间组织界限的应急协调，落实核应急准备与培训计划，提高全民应对核紧急事态的意识。

国防部掌握着美国的战略和战术核武器，同时拥有大量核动力舰船，是“用核大户”。该部主管核事件应急工作的是负责核与生化武器项目的部长助理办公室，全美军核事件应急响应枢纽设在该办公室领导下的国防威胁降低局指挥中心。

核管理委员会是美国所有民用核电站和整个核电产业的监管者，它也是民用核电站事故应急反应的责任机构。该委员会设有核安全与事故响应办公室，其基本职能之一就是对相关核事件及时进行评估与分析，指导发生核事件的民用核电站、核燃料循环处理厂等设施单位做出正确反应，并且及时与联邦其他部门和各级地方政府协调处置措施。核管理委员会拥有一支优秀的专家团队，他们是核事件应急管理的重要参与者和决策智囊团。

能源部拥有实力雄厚的技术支持能力，编制了相关技术导则。

环境保护署负责所有核事件的环境监测工作。

卫生与公众服务部负责相关的公共卫生应急服务。

（2）州政府应急部门

美国50个州中有31个州建设了民用核电站，其他19个州有各种工业、科研或医用放射源，也可能部署了装备核武器的美军或建有军用核设施。基于现实考虑和相关联邦法律、行政规章的要求，美国各州都建立了应对突发灾害性事件的管理体制，其中包括核事件应急响应功能。不过，与联邦层面相比，州及州以下层级的核事件应急组织体系偏重应对民用核设施的突发事故。

州政府处置突发灾害性事件的负责机构均为本州的应急管理部门，其英文名称基本与联邦应急管理局类似，也有若干州使用国土安全局或民防局等其他名称。在州应急管理部门内，依据本州的实际情况与需要设立核事件应急机构。一般来说，核设施较多的州对核事件应急组织体系的建设更加重视，投入的资源也相当可观。以伊利诺伊州为例，该州号称是美国最有“核缘”的州，1942 年，科学家们在芝加哥大学的实验室成功实现了人类历史上的第一次原子能链式反应，从而叩开了核时代的大门；美国的第一个高辐射核废料商业性储存库也建在这个州；除了拥有比其他任何州都多的民用核电机组外，伊利诺伊州还有多处核燃料厂、核研究机构、核废料场以及需要清理的核辐射污染场地。正是由于这些情况，伊利诺伊州建设了比较完备的核事件应急组织体系。

伊利诺伊州应急管理局下设一个核设施安全局，它履行三项基本职责：第一，对本州民用核电站开展各种检查，确保它们安全运行。第二，通过三套功能各异的远程自动监测系统对正在运行和已永久关闭的核电站进行实时环境辐射水平监测。第三，对本州范围内发生的核事件做出应急响应。

（3）地方政府应急部门

美国地方政府的情况比较复杂。一般来说，已经形成核事件应急组织体系的地方政府主要是本辖区或者邻近区域内建设了民用核电站的县，或人口众多、经济发达、安全保卫任务重的大县、大都市的政府。例如，加利福尼亚州的圣路易斯-奥比斯波县境内有两座民用核电机组，县政府的应急服务办公室及本县所辖的各市制订了统一的核事件应急计划。在美国第一大城市纽约，市政府设立了直接向市长报告工作的应急管理办公室。这个办公室全年 365 天、全天 24 小时掌控着全市各种事故的情况，监督应急无线电通信频率的工作状态。如遇重大灾难性事件（包括核事件）发生，该办公室便启动专用应急指挥中心，及时汇总信息、形成决策、协调市政府各部门的应急响应行动。

（4）民用核设施运营机构

依照联邦法律和监管机构规章，美国所有民用核电站都必须做好准备，应对任何有可能造成核辐射泄漏的事故。

美国核应急管理的特点：一是重视军民一体、平战结合，兼容性强，突出底线思维，考虑恶劣情形；二是加强信息管理，将其作为应急管理的核心，提高核信息透明度、加强公共教育与公众沟通；三是大力加强专业实验室能力建设，要求公共卫生部门和环境保护部门具备较强的放射化学专业实验室能力；四是注意发挥民间组织的作用，包括辅助性工作的地方公民志愿服务团体或社区团体、能够参与专业性抢险救灾工作和医疗卫生服务的全国性组织及一些专业协会、学会或研究机构，其中包括若干核领域的权威性组织；五是通过国际交流借鉴他国经验，非常注意从境外核事件中汲取教训，增强美国的核应急反应能力。

4.2.1.2　日本核应急组织体系

日本政府设有国家原子力防灾委员会，原子力防灾会议议长由内阁总理大臣（即首相）担任，副议长由内阁官房长官、内阁府特命担当大臣和原子力规制委员会委员长担任，参加委员会的还包括警察厅、文部科学省、厚生劳动省、农林水产省、国土交通省、海上保安厅、环境省、防卫省等相关省厅。委员会由内阁官房长官负责协调、联络。政府成立都、府、道、县等各层级的核应急管理组织体系。

根据日本的防灾体制，核事故发生后政府要及时发布紧急事态宣言，将国家原子力防灾委员会转变为原子力灾害对策本部，相当于我国国家核应急指挥部，负责统一领导、协调原子规制委员会以及其他省部级政府部门，指导和支援核设施事故应急以及地方的事故应急，事故发生后，还成立现地对策本部（图 4-2）。按照《核应急响应指南》等的规定，原子力灾害对策本部和现地对策本部是核应急的关键部门。内阁总理大臣发布紧急状态宣言后，在官邸设立原子力灾害对策本部（本部长：总理大臣），在场外应急中心设立现地对策本部。在紧急情况下，现地对策本部的本部长可代替原子力灾害对策本部本部长行使权利，采取响应措施。

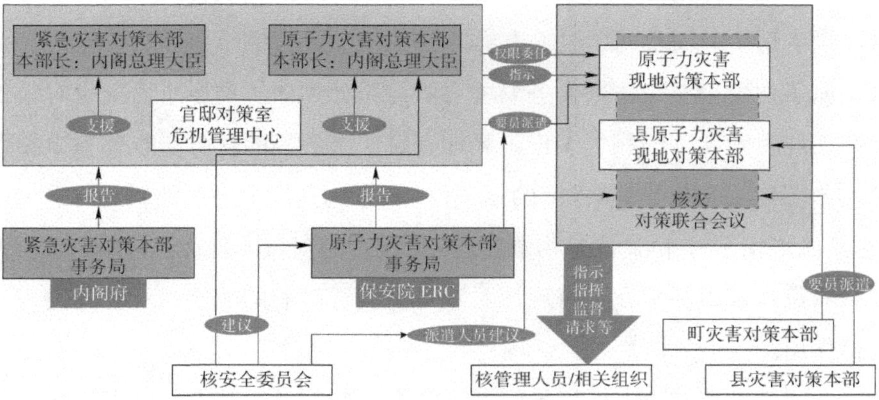

图 4–2　福岛核应急响应指挥体系

（1）原子力灾害对策本部

根据《原灾法》规定，原子力灾害对策本部的主要职能是研究、决定重大核应急问题，加强各政府部门间的沟通和协调，促进各项政策的制定、落实。

福岛核事故发生后，在内阁办公室成立了原子力灾害对策本部，由首相担任原子力灾害对策本部本部长，菅直人、野田佳彦和安倍晋三先后担任本部长，经济产业大臣担任副本部长，成员单位包括文部科学省、防卫厅、警察厅、厚生劳动省、农林水产省、国土厅、海上保安厅、气象厅、消防厅等部门。

本部成员主要包括总理大臣、内阁府特命担当大臣、地域活性化担当、外务大臣、财务大臣、文部科学省大臣、厚生劳动省大臣、农林水产省大臣、国土交通省大臣、海洋政策担当、环境大臣、内阁府特命担当大臣（负责防灾工作）、防卫大臣、内阁官房长官、内阁府特命担当大臣（负责冲绳及北方地区对策）、国家公安委员长、公务员制度改革担当、绑架问题担当、内阁危机管理监事。其成员随着时间推移而不断调整。

（2）原子力灾害对策本部事务局

根据《核应急响应指南》的规定，核事故发生后，要在核设施安全监管部门设立原子力灾害对策本部事务局，在日本福岛核事故应急时，原子力灾害对策本部事务局设立在原子力安全保安院·经产省应急响应中心。

原子力灾害对策本部事务局主要职能是计划和协调原子力灾害对策本部和现地对策本部的相关工作。具体来说，事务局的任务是收集核电站信息，预测和监测结果和核泄漏的相关信息，在此基础上为居民制定防护措施（包括撤离指示），协调应急物资输送等。在现地对策本部成立之初，原子力灾害对策本部事务局在代替现地对策本部执行政府的响应指示方面发挥了关键作用。

原子力灾害对策本部事务局由秘书长、副秘书长、成员及业务班等组成（图 4-3），秘书长由保安院院长担任，副秘书长由保安院副院长、内阁官房危机管理审议官担任，成员由保安院以及相关省厅人员组成，业务班由综合事务班、核电站班、放射班、居民安全班、公共关系班、医疗班 6 个班构成。综合事务班主要负责事务局的总体协调工作；核电站班主要负责核电站的信息收集和考察核操作员；放射班主要负责辐射监测信息的分发、共享等；居民安全班主要负责救助、食物和饮用水摄取方面的信息收集；公共关系班主要负责召开记者会和为相关机构提供信息；医疗班主要负责辐射相关的应急医学支持。

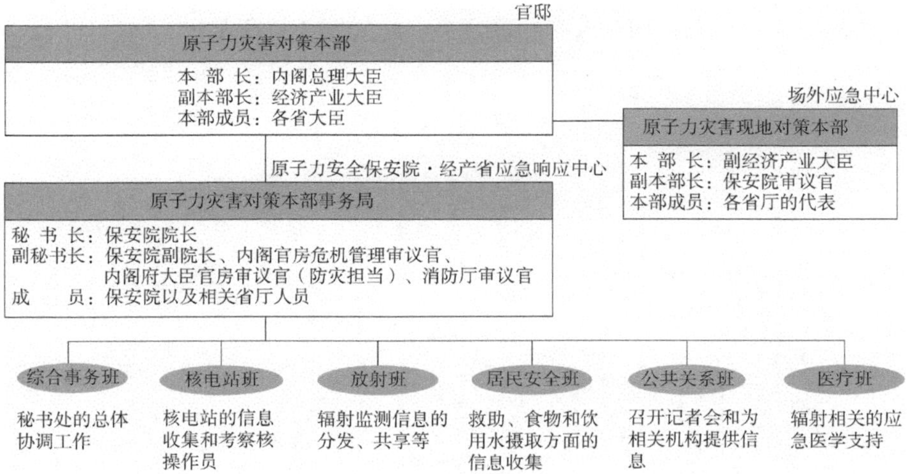

图 4-3　原子力灾害对策本部事务局构成

（3）原子力灾害现地对策本部

现地对策本部是在紧急事态宣言发布后，最先进行核应急响应的组织，并负责组织各县市长参加原子力灾害对策联合会议，就核设施灾难控制进行交流。为了顺利开展救灾，现地对策本部长必要时要发布疏散居民、限制食品和饮料的摄入、摄入碘片等的相关指令。

日本《原子力灾害事件应急特别法》要求在各核设施周边指定一个场外核应急指挥中心。核事故发生时，地方核应急响应指挥部与原子力灾害对策联合委员会在此进行现场指挥与协调工作。场外核应急指挥中心由核设施的主管部门指定，核电站、再处理设施、处理设施、贮存设施和废弃核设施的场外核应急指挥中心由经济产业省指定，研究堆场外核应急指挥中心则由文部科学省指定。如果同一区域既有研究堆也有其他核设施，则经济产业省和文部科学省共享一个场外核应急指挥中心。平时，原子力安全保安院派驻人员担任场外核应急指挥中心负责人；事故发生时，国家、地方政府、核电站均有代表在此工作。

在福岛核事故救援中，现地对策本部与县原子力灾害对策本部组成原子力灾害对策联合会议，经济产业省、原子力安全委员会、县町、东电公司以及福岛第一核电站均派人参加联合会议，如图 4-4 所示。

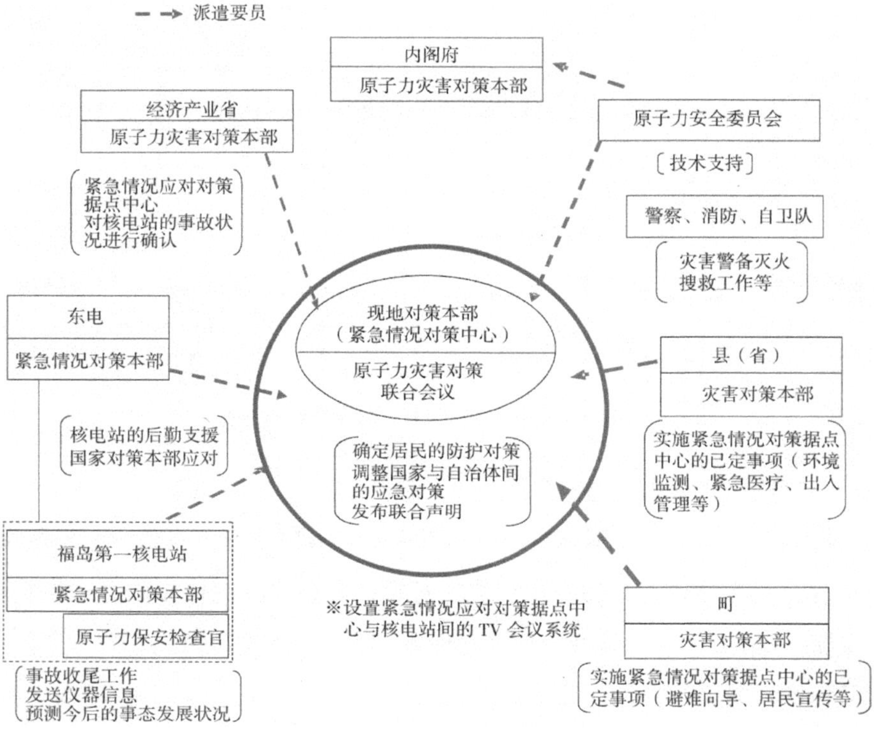

图 4-4　现地对策本部人员构成

现地对策本部长由副经济产业大臣担任，下设综合事务班、核电站班、放射班、居民安全班、公共关系班、医疗班和司法支援班 7 个业务班。综合事务班主要负责全面协调、信息分类和相关组织沟通，核电站班主要负责核电站的信息收集和核管理人员的指示等，放射班主要负责辐射监测信息的分类、撤离计划准备，居民安全班主要负责撤离信息收集、避难救助协调，公共关系班主要负责安排召开记者会，进行当地居民的公关，医疗班主要负责辐射应急医学的支援和沟通，司法支援班主要负责场外应急中心的法律支援（图 4-5）。

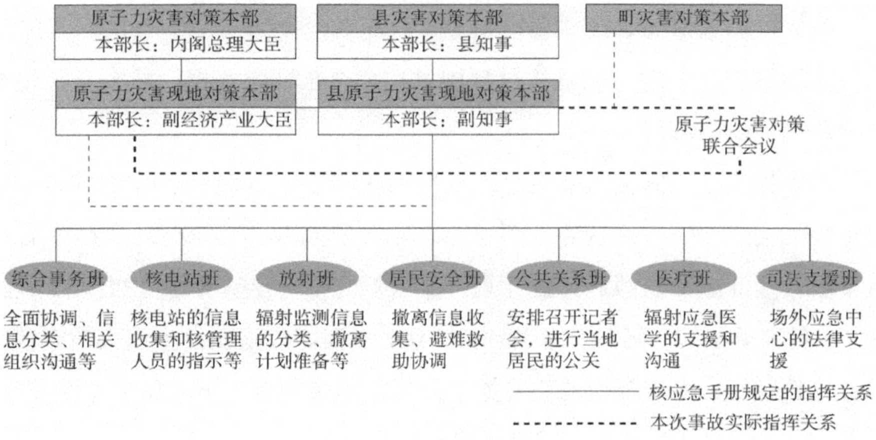

图 4-5　现地对策本部组成

现地对策本部通常建立在场外应急中心。福岛核事故核应急响应中心设置在毗邻福岛县的大熊町的环境放射性监测中心。

4.2.1.3　法国核应急组织体系

法国是核能利用大国，根据 IAEA 网站数据，目前法国的核电站装机容量仅次于美国，位居全球第二，提供全国约 75%的电力供应。法国的核电发展起步于 20 世纪 50 年代。20 世纪 60 年代初期，法国就成立了核管理局，主要负责制定核安全原则的编写和监督核设施运行安全。

法国核应急管理体制概括起来就是“二条主线、二级管理、二个决策中心”。二条主线分别是政府行政当局和核电营运者单位；二级管理是指政府行政当局线上的国家核应急协调机构、核安全与辐射防护总局、民防总局构成的国家级机构和以省长为主的地方级机构，在营运者单位线上有法国电力公司总部为主的国家级机构（业主总公司）和以核电站为主的地方级机构；二个决策中心分别是省长为保护公众、保护环境而采取行动的行政中心 011 和核电企业为控制机组状态、保护电站工作人员、保证信息畅通为目的的技术中心。

（1）法国核应急管理主要机构

法国核应急管理主要机构包括国家核安全部际委员会、核安全与辐射防护总局、民防总局。

国家核安全部际委员会由总理直接领导，有关部部长参加。法国核安全部际委员会主要负责协调各方面行动，保证安全，保护公众和环境，制订严重事故救援计划和事故后处置计划；部际委员会下设秘书处由12～13人组成，从各部委抽调，秘书长相当省长一级，主要职责是在发生重大核事故时进行协调指挥，主要部门的职责如下：外交部负责报告国家原子能委员会，通知欧共体及邻近的国家；环境保护部负责报告国家原子能委员会，还负责水源、空气等测试，协助事故所在地的省长处理核事故对环境的影响；运输部负责指挥全国交通，停止向核事故地区的火车、飞机、船舶的运行，省长有权指挥辖区的交通；国防部在需要时，派遣国家宪兵、防化部队进行救援；内政部负责搜集信息，协调、指挥消防部队和警察处理事故；工业部（又称工业与外贸部）为核安全主管部门，设指挥中心，发生核事故后，为省长和有关部门提出救援意见和信息。

核安全与辐射防护总局是由工业部、环境保护部、卫生部等共同设立的机构，负责组织、协调和管理法国的核应急工作，事故状态下向有关部门和公众、媒体通报信息，负责派技术专家到各级应急指挥中心。

民防总局负责核应急准备、计划编制、组织演习和救援指挥、协调应急资源等工作。该局设有一个跨部门应急指挥中心（COGIC），是全法国核事故应急救援的最高决策指挥机构，各种信息都集中到该中心的控制室，军队、航空、铁路、气象等各有关部门都有明确职责，事故状态下都须进入中心，负责指挥和沟通。

在国家层面，还有一个辐射防护和核安全的技术支持机构，即辐射防护与核安全研究院（IRSN）。该院主要从事辐射防护与核安全的技术工作，包括辐射监测（现场测量、取样测评、分析处理）、信息数据管理、评估决策系统等。发生事故时，主要工作包括有关专家根据区域和分工不同，接到通知后，立即赶赴有关安全委员会和指挥中心，参与指挥、调度；提出核事故信息，建议核事故处理措施；负责核事故原因的调查协调工作，提出事故的后果及进一步应采取的措施意见。

（2）地方核应急管理机构

地方应急组织设在地方政府，负责应急救援决策和指挥协调。平时作为政府日常工作机构，负责应急准备，应急响应时全体人员到位进入中心，负责应急救援指挥协调工作。

（3）核电企业的核应急机构

核电企业在业主（地方公司）和电厂都建有核应急机构。法国电力公司（EDF）有健全的应急体制，包括辐射防护研究和监测机构、应急指挥中心等，各项应急准备工作都十分到位。各核电厂也都有应急机构，负责应急预警、预案制定、场内应急救援等工作。

每个核电站都设有救援与消防指挥中心，直接受站长的指挥，该中心也是一个多功能机构，负责电站的所有安全技术问题，核电站站长是发生核事故后，下命令采取内部干预的唯一的人。

法国核应急工作顺利开展主要得益于以下几点：完备的法律制度，健全的组织体系，较高的核应急关注度，充足的人、财、物投入以及积极兼容方针等。以核应急演练为例，各类演习是核应急准备的主要工作内容，法国规定每个核电站每 3 年应参与 1 次国家级核应急演习，平均每年要组织 8 次全国核事故应急演习，其中 6～7 次为模拟核电站核事故，1～2 次为其他核设施事故。地方政府核应急管理部门、核电厂以及有关单位都制订了核应急计划，为应急响应提供了可靠依据。此外，法国把辐射监测工作摆在重要位置，形成监测网络数据库和信息系统，成为核应急的一项基础性业务工作。

4.2.1.4　俄罗斯应急组织体系

苏联是全球最早拥有核电站的国家，苏联解体后，俄罗斯吸取了以往在政治及社会经济方面的经验教训，更加注重推进法制化发展，在核应急管理领域也是如此。

1994 年，俄罗斯立法机关通过《联邦共同体应急管理法案》，这是一部宪法级别的法律，根据其规定，俄罗斯成立俄联邦民防、紧急情况与消除自然灾害后果部，简称紧急情况部。紧急情况部是全国应急管理的核心，统领各领域的应急事务。从宏观上讲，俄罗斯实行的是协调配合的垂直型应急管理体制。主要表现在机构的纵向设置上，由俄联邦、联邦主体（州、直辖市、共和国、边疆区等）、城市和基层村镇四级政府构成垂直领导的紧急状态机构。

当核事故发生时，一方面，由紧急情况部负责核电站事故响应过程各部门之间的协调工作、紧急情况初期判定和救援小组的准备工作。另一方面，联邦原子能局则从技术层面负责运行核应急响应系统，应对核电站和其他核设施的应急情况。

俄罗斯政府吸取了切尔诺贝利核事故的经验教训，尤其注重国民安全思想的培植，将应急理念、逃生本领等训练融入基础教育过程。俄罗斯的青少年从中学起就要认真学习安全自救知识，有条件的学校还要组织逃生演习。从小便培养安全思想，让安全文化深植于人心，这对俄罗斯各行业的健康发展起到深远的影响。

4.2.2 我国核应急管理的组织体系

我国核电起步于 20 世纪 80 年代末，从时间上讲，晚于世界核能发展大国，通过学习、借鉴、参考国际社会和核能大国的先进技术和成熟经验，在我国核应急组织体系“搭架子”阶段起到关键性指导作用。我国政府高度重视核应急工作，始终以对人民安全和社会安全高度负责的态度强化核应急管理。早在做出发展核电决策之时就同步部署安排了核应急工作。切尔诺贝利核事故发生后，我国明确表示发展核电方针不变，强调必须做好核应急准备，1986 年即开展国家核应急工作。1991 年，成立国家核事故应急协调委员会，统筹协调全国核事故应急准备和救援工作。1993 年，发布《核电厂核事故应急管理条例》，对核应急做出基本规范。1997 年，发布第一部《国家核应急计划（预案）》，对核应急准备与响应做出部署，之后，为适应核能发展需要，多次进行修订形成《国家核应急预案》。目前，中国核应急管理与准备工作的体系化、专业化、规范化、科学化水平全面提升。

4.2.2.1　三级核应急体系

国务院对我国的核应急管理的组织体系做出了原则的规定，依据《核电厂核事故应急管理条例》，我国的核事故应急工作实行国家、地方和核电站三级管理体系，即国家级应急组织、省（自治区、直辖市）级应急组织和核电站级应急组织，分别负责全国、省（自治区、直辖市）、核电站营运单位的核事故应急事宜。图 4-6 所示为我国核应急组织体系。

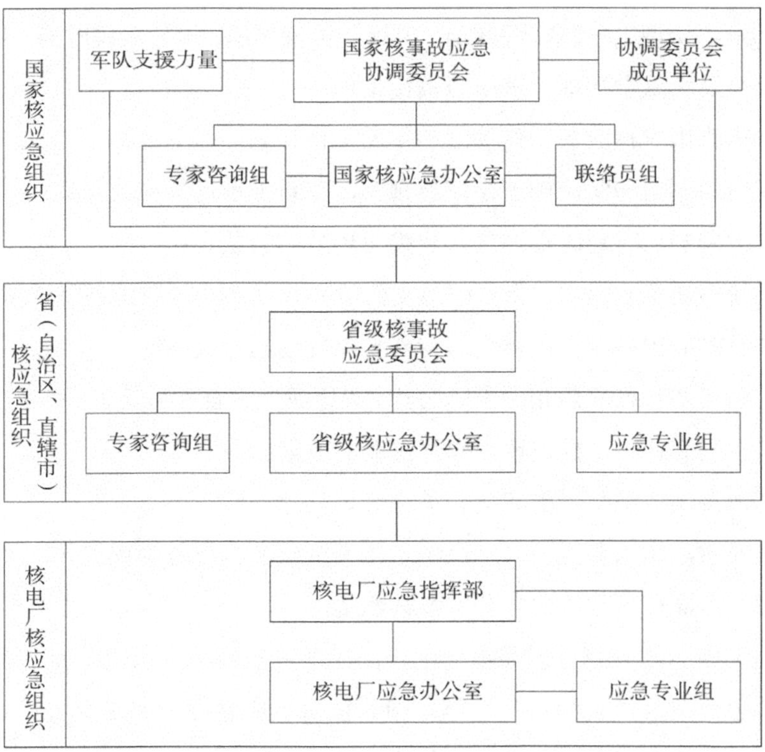

图 4-6　我国核应急组织体系

4.2.2.2　国家核应急组织

（1）国家核事故应急协调委员会及其职责

国家负责核事故应急的专门机构是国家核事故应急协调委员会，统一组织协调全国的核应急准备和响应工作。国家核事故应急协调委员会由国务院有关部门和中央军委有关单位组成，主任委员单位由工业和信息化部担任，副主任委员单位由国防科工局、公安部、生态环境部、应急管理部、中央军委联合参谋部作战局担任。国家核事故应急协调委员会下设国家核事故应急办公室、国家核事故应急协调委员会的专家咨询组和联络员组，并建立应急支援力量。

国家核事故应急协调委员会的主要职责如下：

①贯彻国家核应急工作方针，拟订国家核应急工作政策；

②组织协调国务院有关部门、核行业主管部门、地方人民政府、核设施营运单位及军队参加地方核应急救援工作；

③审查国家核应急工作规划和年度工作计划；

④组织制定和实施国家核应急预案，审查批准场外应急预案；

⑤应急响应时适时批准进入和终止场外应急状态；

⑥统一决策、组织、指挥应急支援响应行动，及时向国务院请示报告；

⑦及时向国务院提出需实施特殊紧急行动的建议；

⑧负责履行核应急相关国际公约、双边或多边合作协议，审查批准核事故公报、国际通报，提出请求国际援助的方案；

⑨承办国务院交办的其他有关事宜。

必要时，由国务院领导、组织、协调全国的核应急管理工作。

（2）国家核事故应急办公室及其职责

国家核事故应急协调委员会下设国家核事故应急办公室，承担国家核事故应急协调委员会的日常工作。国家核事故应急办公室是全国核事故应急工作的行政管理机构，设在国务院核工业主管部门（国防科工局）。

国家核事故应急办公室的主要职责如下：

①贯彻执行国务院和国家核事故应急协调委员会的决策部署；

②管理和组织协调国家核应急预案的贯彻落实；

③检查、指导和协调各级核应急组织的核应急准备工作；

④负责管理国家核应急响应中心，接收、核实、处理、传递、通报、报告核应急信息等；

⑤承担核应急国家联络点职能，承办履行核应急相关国际公约及申请国际援助的有关事宜；

⑥制订国家核应急工作规划和年度工作计划、科技研究计划，编制核应急技术支持体系和救援体系建设方案；

⑦组织审查场外应急预案、场外综合演习方案和场内、场外联合演习方案，提出审查意见书；

⑧组织协调国家核事故应急协调委员会联络员组和专家委员会开展活动，组织国家级核应急演习、培训等工作。

（3）专家委员会

国家核事故应急协调委员会设立专家委员会，由核工程与核技术、核安全、辐射监测、辐射防护、环境保护、交通运输、医学、气象、地震、海洋、应急管理、公众沟通等方面的专家组成。

专家咨询组的主要任务：平时就应急准备中的重要问题进行研究，提供咨询；参加国家核事故应急办公室统一组织的专题研究。应急响应时，进入国家核事故应急指挥中心，研究分析核事故信息和有关情况，为应急决策提供咨询或建议。

（4）联络员组

国家核事故应急协调委员会设立联络员组，由成员单位分管司（局）和相关处（室）、核设施营运单位所属集团公司（院）核应急管理部门的负责同志组成。

国家核事故应急协调委员会联络员组的主要任务：平时交流应急准备

工作情况，共同研究应急工作中的问题，传递上级领导有关指示精神和要求。应急响应时，有关单位联络员进入国家核事故应急指挥中心，参加国家核事故应急办公室的应急响应工作。

4.2.2.3 省级核事故应急组织及其职责

省（自治区、直辖市）人民政府是本行政区域内场外核应急工作的责任主体，根据有关规定和工作需要，成立省（自治区、直辖市）核应急委员会，负责本行政区域内核应急准备与响应工作，统一指挥、组织、协调本行政区域内核事故场外应急响应行动。

省级核应急委员会由省级人民政府有关职能部门、战区等军队单位、相关市（县）人民政府以及核设施营运单位组成。未成立核应急委员会的省级人民政府指定部门负责本行政区域内核应急准备与响应工作。

省级核应急委员会的主要职责如下：

①执行国家核事故应急工作的法规和政策；

②制定核事故场外应急预案，做好应急准备工作；

③统一指挥本行政区域内的核事故场外应急响应行动；

④组织支援核电站营运单位的应急响应行动；

⑤及时向相邻的省（自治区、直辖市）通报核事故情况。

必要时，由省级人民政府领导、组织、协调本行政区域内的核应急工作。

省级核应急委员会下设省级核应急委员会办公室，承担省级核应急委员会的日常工作。设立省级核应急委员会专家组，提供决策咨询。建立核应急专业组，事故时开展各类核应急救援行动。

可能发生核事故或核事故发生后，省级核应急委员会按照职位和省级相关预案开展应对响应工作。必要时，成立省核应急指挥部，由省级人民政府直接指挥、组织、协调本行政区域内场外核应急响应行动，支援场内核应急响应行动。

4.2.2.4　核设施营运单位核应急组织及其职责

核设施营运单位核应急组织包括应急指挥部和下设的应急办公室（或处、科）及若干应急专业组。核设施营运单位是场内核应急工作的责任主体，本级核应急组织的主要职责如下：

①执行国家核应急工作的方针和政策；

②制定场内核应急预案，做好核应急准备；

③确定核应急状态等级（场外应急状态除外），统一指挥本单位的核应急响应行动；

④及时向国家和省级核应急组织及规定的部门报告事故情况，提出进入场外应急状态和采取场外应急防护措施的建议；

⑤配合和协助省级核应急委员会做好核应急响应工作。

可能发生事故或核事故发生后，核设施营运单位按照职责和本单位预案开展应对响应工作。必要时，成立核应急指挥部，统一指挥本单位的核应急响应行动，及时提出进入场外应急（总体应急）状态、启动Ⅰ级响应和采取场外应急防护措施的建议。

核设施营运单位所属集团公司（院）负责领导核设施营运单位的核应急准备工作，推进核设施营运单位的核应急能力建设。在事故状态下，负责调配其应急资源和专业力量，支援核设施营运单位的响应行动。

第 5 章　核事故应急预案

5.1　核事故应急预案的内涵

5.1.1　概念

应急预案又称应急计划，就应急救援力量而言，也可称应急救援预案。《突发事件应急预案管理办法》对应急预案的定义是指各级人民政府及其部门、基层组织、企事业单位、社会团体等为依法、迅速、科学、有序应对突发事件，最大限度地减少突发事件及其造成的损害而预先制定的工作方案。国际劳工组织（ILO）在《重大工业事故预案实用规程》将应急预案定义为：①基于在某一处发现的潜在事故及其可能造成的影响所形成的一个正式的书面计划，该计划描述了在现场和场外如何处置事故及其影响；②重大危险设施的应急计划包括对紧急事件的处理；③应急计划包括现场计划和场外计划两个重要组成部分；④企业应急管理部门应确保遵守符合国家法律法规的标准要求，不应把应急计划作为在设施内维持良好标准的替代措施。

核事故应急预案，是指各级人民政府及其部门、核应急救援力量、涉核企业等为依法、迅速、科学、有序应对核事故，最大限度地减少核事故及其造成的损害而预先制定的工作方案。

对核事故应急预案概念的理解主要把握以下几点：一是制定预案的主体有三类：第一类是人民政府及其部门，有国务院、涉核省级（省、自治区、直辖市）人民政府以及当地政府。第二类是救援力量，如解放军、武警、消防等力量。第三类是涉核企业，如核电企业等。二是核事故应急救援的基本要求是依法、迅速、科学、有序。依法就是按照核应急相关法规进行准备、响应、指挥、处置，迅速就是在时间上要求快速出动、快速处置，在尽早的时间内控制核事故，科学就是要了解核事故的特点规律，不能盲干，避免不必要的伤亡；有序就是按照任务分工、先后顺序进行救援，避免出现混乱。三是核事故应急救援的目标是遏制、控制核事故恶化，降低或消除核事故带来的损害。

5.1.2　主要特点

一是权威性。核应急预案一般由各级政府及其部门的行政机关颁布实施，是政府的施政措施。核应急预案制定的依据源于核应急相关法律法规，是核应急法律法规的具体体现。

二是系统性。核应急预案是一个套完整的文档，不同层级有各自的核应急预案，如国家核应急预案、地方核应急预案、核电企业应急预案、救援力量应急预案。在同一层级、不同的部门，有各自的预案，主管部门制定核应急专项预案，其他部门制定部门应急预案。不同的核应急预案上下衔接，左右互补，形成一套有机的核应急预案体系。

三是全面性。核应急预案涉及的行动或活动贯穿核应急管理全过程，包括核安全风险评估、核危害预测预警、核事故响应、核事故处置和事后恢复重建等内容。

四是稳定性。核应急预案的编制需要一定周期，发布实施也需要一定的周期，因此核应急预案必须在一定时间内保持稳定性。当然，这种稳定性是相对的。核应急预案可以根据实际情况进行调整，适应新的核安全形势。主要情况：核安全形势变化，如核设施数量、核活动的变化，必然要求核应急预案进行调整；组织管理机构的调整，核应急预案的组织管理体系、机构职能也必须进行相应的调整，以适应新的形势需要。

5.1.3 主要作用

（1）使核应急管理有章可循。核应急预案涉及核应急管理的全过程，使应急准备、应急响应和应急恢复有据可依、有章可循。各级组织机构能够明确自己的职责，各种应急队伍能够明确自己的任务，应急响应人员可以有计划地开展建设、培训、练习和演习。

（2）有利于降低核事故造成的损失。核应急预案有利于做出及时的应急响应，各种应急力量可以按照核应急预案规定的职责、任务、程序和方法，迅速展开核应急响应行动。应急指挥机构可以快速部署、科学有效地做出决策，核应急救援力量可以快速投入救援行动，遏制事故恶化，掌握放射性危害程度和范围，及时开展去污洗消。各种保障力量根据职责分工，为救援行动提供装备、后勤、气象等服务。

（3）有利于应急协调与沟通。核应急预案是由各级政府的核应急协调委员会编制，而核应急协调委员会是一个跨部门机构。在编制核应急预案时，各部门间已经进行了有效的协调与沟通。而核应急预案本身也是协调一致的成果。因此，在进行核事故应急时，上下政府间、政府部门间和军地间容易进行协调与沟通，从而保证核应急救援工作顺利、快速和高效地进行。

（4）有利于提高核安全风险防范意识。核应急预案的编制过程实际上是一个风险识别、风险评价和风险控制措施设计的过程。核应急预案的编写、评审以及发布宣传，有利于政府和社会了解可能核设施和核活动存在的风险以及相应的应急措施，提高风险防范意识和能力。

（5）有利于为其他突发核与辐射事件提供参考。核事故应急预案不可能预测或罗列所有的核安全风险。但是，核应急预案总结了核应急准备和响应的基本规律和特点，反映了核与辐射应急的很多共性问题，为应对其他突发核与辐射事件具有一定的指导作用。

5.1.4　发展历程

1996 年，国防科工委牵头制订了我国第一部核应急计划《国家核应急计划》。2001 年进行了修订，2005 年经修订并更名为《国家核应急预案》，2013 年 6 月 30 日，国务院办公厅分布了修订的《国家核应急预案》。

1999—2008 年，国家颁布了核应急计划国家标准《核电厂应急计划与准备准则》（GB/T 17680），共 12 个标准，这一系列标准规定了核电厂场内应急和场外应急预案的基本内容，为编写核应急预案提供了编写指南。

1999 年以后，涉核省（自治区、直辖市）相继制定了本地区的核应急预案，目前浙江、江苏、广东、福建、广西、海南、辽宁、四川、北京等省（自治区、直辖市）都制定了核应急预案，且这些核应急预案不断在修订。

2013 年，国家颁布了《突发事件应急预案管理办法》，该办法规范了预案的分类和内容，预案编制，审批、备案和公布，应急演练，评估和修订，培训和宣传教育，组织保障等内容。该办法的出台，使核应急预案的管理更加规范。

5.2　核事故应急预案的分类

根据《应急预案管理办法》，应急预案按照制定主体划分，分为政府及其部门应急预案、单位和基层组织应急预案两大类。政府及其部门应急预案包括总体应急预案、专项应急预案、部门应急预案等。具体到核应急，核应急预案由专项应急预案和部门核应急预案组成。

核应急预案从层次上可以分为国家核应急预案、地方核应急预案、军队核应急预案和核电厂应急预案，核应急预案体系如图 5-1 所示。

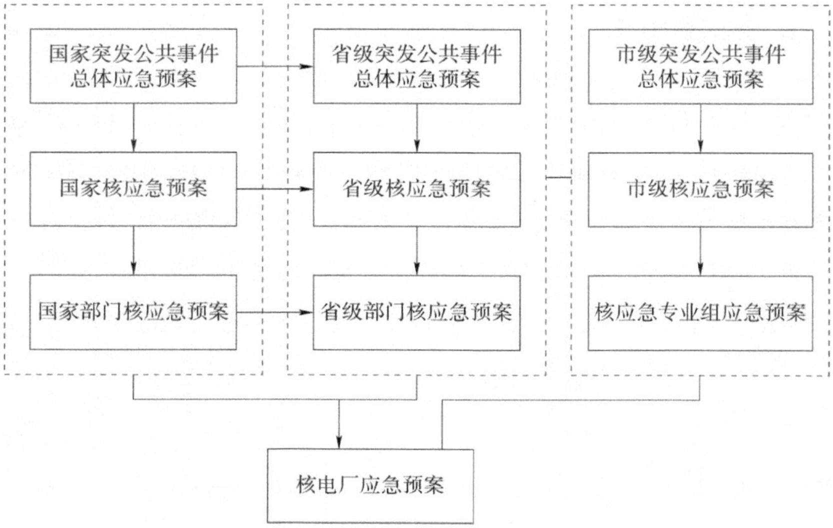

图 5-1　核应急预案体系

核应急专项预案，一般称为核应急预案，是由国务院或地方政府制定的专项预案，由核应急主管部门制定，报本级人民政府批准后印发实施。《国家核应急预案》由国家核事故应急协调委员会制定，由国务院办公厅颁发。省级核应急预案一般由省级核事故应急协调委员会制定，由省办公厅颁发。根据我国目前核电厂应急管理体制，核电厂所在省、市（或县）地方政府应制定应急预案；此外，核电厂的主管部门、核安全监督部门等以及军队相关部门应制定相应的核应急预案。必要时，核电厂所在地毗邻的省（自治区、直辖市）也需制定应急预案。

部门核应急预案是政府有关部门根据总体应急预案、核应急预案和部门职责，为应对核事故制定的部门预案，如《生态环境部（国家核安全局）核事故应急预案》《北京市环境保护局辐射污染事件应急预案》等。

军队核应急预案是军队各级指挥机关为参加地方核事故应急而制定的预案，主要包括战区核应急预案和任务部队核应急预案。

核电厂应急预案是核电厂为场内应急准备和响应制定的预案。

核电厂营运单位的核应急预案主要负责场内应急准备和响应任务，而地方政府和军队的应急预案主要负责场外应急的准备和响应活动。

5.3　核事故应急预案的内容

5.3.1　基本内容

一般而言，应急预案主要包括以下内容：①目的、依据和适用范围；②应急组织组织体系、机构职责；③应急准备；④应急响应；⑤应急状态的终止和恢复；⑥应急响应能力的保持。不同的核应急预案的内容是不一样的。

5.3.2　场外核事故应急预案的内容

国家核应急预案于 2013 年 6 月 30 修订。该预案的内容包括总则、组织体系、核设施核事故应急响应、核设施事故恢复行动、其他核事故应急响应、应急准备和保障措施、附则 7 部分。

《核电厂应急计划与准备准则　场外应急计划与执行程序》（GB/T 17680.3—1999），明确了场外核急预案内容包括 16 个方面。

（1）总则。编制应急预案的目的，列出编制所依据的法律法规、标准和文件，明确应急预案的发放范围。

（2）核电厂及环境概况。简要描述核电厂的概况（堆型、功率、发展规划和营运单位）。较为详细地描述了核电厂周围的环境概况，包括核电厂所在的位置、厂区边界、非居住区边界、规划限制区边界，以及厂址周围地形地貌、人口分布、气象、水文、交通、土地利用、农林牧渔、水资源等。

（3）应急计划区。应在地图上标出烟羽应急计划区和食入计划区的边界，并说明确定该计划区大小所考虑的因素和依据。详细给出应急计划区内的人口分布，说明所含行政区和城市，说明一些特殊的人群组（如中小学校、医院、监狱）等的位置和情况。

（4）应急组织及职责。核电厂所在省（自治区、直辖市）的地方应急组织的组成和职责，常设机构的组成和职责，各种应急专业小组（主要包括辐射监测、事故评价、通信联络、医学救援、去污洗消、交通运输、后勤保障、公安保卫、撤离人员安置等）的组成和职责。核电厂营运单位和部队在地方应急组织中的职责。

（5）应急指挥中心及其设备。应急指挥中心的位置、平面布置、管理方式、人力配置，并描述应急指挥中心配置的设备和物资。

（6）应急状态分级及响应程序。核电厂场内应急计划相一致的应急状态分级条件，以及在不同应急状态下拟采取的应急响应行动。提出会同核电厂营运单位共同制定的场外应急状态的发布条件和程序。

（7）应急防护措施。在应急状态下采取的各种防护措施（包括隐蔽、撤离、服用稳定碘、交通管制、人员和设备去污、食物和饮用水控制、辐射照射控制、地面云污、避迁）的实施原则和干预水平。

（8）应急监测与事故后果预测。应急监测的方案、内容。提出表示不同污染水平图标的办法和统一的标志。气象观测点的分布及气象数据的收集和传递方法。预先估计的在不同气象条件下和各种事故释放条件下辐射危害的大小和范围，以及事故的早、中、后期评价的内容和方法。

（9）应急支援。核电厂营运单位与地方政府间的相互支援的内容、范围、签订的合同或协议，以及请求国家和部队支援的内容和范围。

（10）通知、报警和报告。事故报告、通知和报警的安排，以及初始报告和后续报告发送的单位、格式和内容。给出向公众发出报警的方法，说明保证每天 24 h 通信畅通的方法。

（11）医疗救护。应急状态下医疗救护的设施、设备和人员，对受伤、受污染或受超剂量照射人员医疗救护的计划，以及可获得医学应急支援的情况。

（12）应急状态终止及恢复措施。会同核电厂营运单位共同制定的场外应急状态终止的条件和发布程序。事故后恢复正常生活的条件和要求。

（13）培训和演习。各类应急工作人员的培训安排（至少包括培训目的、内容、教材、频度和对受培训人员的考核要求和方式等），以及各类演习的安排（至少包括演习的目的、内容、规范、范围、情景设计、频度和对演习的评议要求）。

（14）公众教育和信息。会同核电厂营运单位组成的公众教育小组的组成、所进行的公众教育的主要内容，以及公众教育的形式和计划。

（15）记录和报告。对记录的基本要求和内容，以及记录文件的保持要求。记录的内容至少应包括应急设施和设备的检查、维修和使用情况，演习和培训的内容以及评价和鉴定意见，应急期间采取的应急行动及其效果。

（16）附件。列出有关的各种主要文件、资料的名称和内容，包括与应急支援单位之间签订的合同和协议、应急干预水平和导出干预水平，以及执行程序清单等有关的主要研究成果。

5.3.3　核电厂场内应急预案的内容

《核电厂应急计划与准备准则　场内应急计划与执行程序》（GB/T 17680.8—2003）明确了场内核应急预案的主要内容。

（1）总则。目的、适用范围、依据法规、标准，参考文件。

（2）核电厂及其环境概况。核电厂概况、环境概况和人口分布。

（3）应急计划区。建立应急计划区的原则、严重事故序列及其源项、应急计划区的大小、应急计划区内的人口分布。

（4）应急状态分级与应急行动水平。应急状态分级系统、初始条件和应急行动水平、应急响应行动。

（5）应急组织与职责。核电厂正常运行组织和应急准备组织、核电厂应急响应组织与职责、各级应急组织及其组织间的接口。

（6）与其他应急组织的协调。

（7）应急响应设施和设备。主要应急响应设施及分布、主控制室、紧急停堆盘、技术支援中心、应急控制中心（保安楼）、事故后果评价设施、应急监测设施、医学救护设施、后勤支援设施、保卫消防设施、其他应急设施、设备与物资的应急通信。

（8）应急通信报告与通知。核电厂和各级应急组织之间的通知方法与程序、通知场内应急组织成员的方法与程序。应急通信的基本要求、与各应急响应组织间的应急通信、场内应急组织间的应急通信。

（9）应急行动控制与系统设备抢修。

（10）事故后果评价。事故后果评价的目的与任务、事故后果评价组织、事故工况评价与堆芯损伤评价、评价参数的获取、事故环境后果评价。

（11）应急防护响应行动。场内应急防护响应行动、场外应急防护响应行动建议。

（12）应急照射控制。控制应急响应人员辐射照射的原则、应急响应人员允许的照射水平、控制应急响应人员受照射的方法、应急响应人员接受超剂量照射的批准程序和受照剂量记录。

（13）医学救护。医学应急组织、应急药箱、受伤、受污染人员的医学救护、外部医学应急支援。

（14）应急纠正行动。应急补救行动与工程抢险措施、灭火措施。

（15）应急状态终止和恢复正常秩序。应急状态终止的条件和批准与发布程序、场内恢复组织及其职责、恢复正常秩序的计划、主要恢复措施及其优化分析。

（16）公众沟通与信息。协同地方应急组织对公众的教育、公众信息沟通。

（17）记录与报告。记录、报告、报告和记录的保存。

（18）应急响应能力的维持。人员的培训、演习、应急设施、设备的维持，应急计划的评价、修改，应急计划与准备的监督和审查，修改后的应急计划的审批和新版应急计划的发放。

（19）术语。

（20）附件。协议和文件、应急计划程序清单、场内综合应急演习监督检查报告、核事故应急报告渠道函件。

5.3.4　救援力量核应急预案的内容

救援力量针对某核设施的应急救援方案，原则上要求一厂一案，应急预案一般应包含以下主要内容和要素：

（1）总则。给出应急预案编制的目的，明确预案的编制依据、适用范围、工作原则和预案管理。

（2）情况分析与任务研判。掌握受援核设施基本情况（包括堆型、人口分布、陆路、铁路、水上交通、航空交通、气象等），开展威胁类型与可能发生的核事故分析，明确自身可能的主要任务。

（3）组织指挥与协同。确定救援与受援双方的指挥关系，明确责任与分工，预先设置行动编组，明确各组主要任务，确定信息沟通方案。

（4）应急救援程序。明确应急救援准备内容、流程与方法，明确与受援核设施建立联系的方法与内容，明确机动方法与配置地域，明确执行应急救援任务的内容、方法、程序与要求，明确救援行动的终止与善后等。

（5）有关保障。明确装备、技术、器材、防护等着专业保障和机动、通信、物资、生活等后勤保障的责任单位及实施保障的方式方法。

（6）附件。以附件形式列出编组方案、机动方案、现场作业方案、责任分工表、通信联络表、保障方案、救援与受援双方协议等。

5.4　核事故应急预案的编制

5.4.1　编制依据和原则

5.4.1.1　基本依据

基本依据主要包括相关法律法规、核应急导则和标准、上级核应急预案。

5.4.1.2 基本原则

（1）统筹设计，分工负责。核应急预案编制工作是一项系统工程，涉及多个部门和多个专业，需要一个跨部门的机构进行统一领导和协调，该部门可对核应急预案的编制工作进行总体设计与规划，以保证核应急预案体系建设的完整性。要有全局和战略眼光，通盘考虑国家和地方、政府和企业、军队和地方的核应急资源和核应急能力，将这些因素考虑在内。核应急相关部门根据分工，在总体框架下，制定本部门或本领域的核应急预案。

（2）衔接借鉴，实用管用。要认真领会核应急法律法规精神，不能有违背核应急法律法规的内容。下级核应急预案要服从和服务核应急预案，不能与上级预案相冲突，保持好上下衔接。部门之间的核应急预案也要相互衔接，不能相互矛盾。此外，要学习国内其他领域应急预案的做法；学习借鉴国外的经验做法；研究核生化应急案例，从成功经验或者失败教训中分析比较，归纳出符合实际、行之有效的做法。

（3）规范程序，注重质量。一是编制程序要规范。《突发事件应急预案管理办法》对应急预案的立项、起草、审批、印发、备案等程序进行规定，对应急预案的更新、修订进行要求，对应急预案的宣传、培训和演练等动态管理内容提出指导性意见。核应急预案管理有着规范的程序，核应急预案的工作环节有着严密的先后顺序、逻辑关系和衔接要求。例如，在起草预案之前，必须对核危险源进行分析与评价，必须对核应急能力进行分析与评价，初稿完成后必须征求意见，征求意见完成后必须进行专业评审。只有严扣每一个环节，才能保持核应急预案的质量。二是内容结构要规范，如结构框架、基本要素、呈报手续。三是体例格式要规范。应当统一体例格式，如版面、字体、用纸等。

（4）定期检验，不断完善。实践是检验真理的唯一标准，只有经过检验的核应急预案，才能称得上合格的预案。各级政府和部门、核营运单位、核应急救援力量要利用核应急演习机会，采取实兵演练、桌面推演等方式，对核应急预案进行检验，重点检验组织指挥、响应行动、综合保障、配合协调等内容，检验其有效性和科学性。

5.4.2　编制程序

5.4.2.1　成立核应急预案编制工作组

成立核应急预案编制小组是将各有关职能部门、相关专业技术人员最有效地结合起来，不仅可以有效保证应急预案的准确性、完整性和实用性，而且还提供协作与交流机会，有利于形成统一的意见。

成立核应急预案编制小组的规模，取决于核应急主管部门层级。成立核应急预案编制小组通常遵循以下原则：第一，人员结构合理。核应急救援编制工作涉及面广，是一项复杂的系统工程，需要管理、技术、操作、行动、人事、法律等方面的人员参加。第二，全员参与。核应急预案编制过程本身是一个熟悉核应急领域和职责的过程，也是一个培训过程。第三，时间和经费保障。核应急预案编制是一项复杂的工程，需要经历很多的步骤、调查、研究、讨论，如果没有充足的时间保证，难以保证预案的编制质量。第四，交流与沟通。核应急工作涉及多个部门，核应急主管部门必须与上级主管部门、本级相关业务部门进行及时地沟通，避免出现功能与职责重复、交叉或不明确的现象。第五，专家支持。核应急工作涉及多个领域，如核安全、核工程、辐射防护、医学、组织指挥等领域，通过相关领域专家的技术支持，可以确保预案的科学性、严谨性和可行性。

5.4.2.2　资料收集与调研

资料收集的主要内容：一是应急法律法规，应急法律法规是编制核应急预案的基本依据，相关的应急法律法规如《中华人民共和国突发事件应对法》《中华人民共和国核安全法》《核电厂核事故应急管理条例》等。二是相关应急预案，相关应急预案是确保预案相互衔接的重要依据，可参考的主要包括本级政府的总体预案或综合预案、上级核应急预案。三是核设施核活动资料。四是核事故应急相关案例。核事故应急的经验做法甚至失败教训，对核应急预案的编制都有重要的参考价值。

调研是了解情况的一个重要步骤。百闻不如一见，只有亲身到现场，才能增强对核应急工作的感受。调研工作的主要目的是对应急救援对象予以了解，调研的主要内容包括核设施的位置、类型、规模、自然环境、人文环境、应急基础设施建设等。不同的层级，调研的内容有所不同，层级越高，主要从宏观整体上进行调研；层级越低，如救援力量，主要针对救援对象和任务进行调研。

5.4.2.3 核安全风险评估

核安全风险评估是核应急预案编制的基础，是核应急响应行动的依据。风险评估是采用系统科学的方法确认核设施存在的危险性，评估核事故发生的可能性以及可能导致的危害程度，根据风险大小，采取相应的应急措施。风险评估主要包括几个方面：一是影响核安全的主要因素。采用总结、归纳等方法，对影响核安全的因素进行全面客观的分析，如自然灾害是不是会造成核风险，人为失误操作是不是会造成核安全风险，恐怖主义是不是会造成核安全风险。二是分析核安全风险等级，主要通过发生核设施或核活动发生的频次和后果严重程度确定核安全风险等级。三是预测核事故危害。根据不同的核事故等级，预测可能的危害程度、范围。

5.4.2.4 核应急能力评估

为了增加核应急预案的可操作性，需要对核应急能力进行准确评估。核应急能力评估通常包括几个方面：一是反应能力。核应急救援力量在接到核应急响应指示后，能否快速出动，及时到达核事故现场。二是组织指挥能力。例如，核应急指挥体系是否能在规定的时限内建立起来，指挥信息是否通畅。三是现场处置能力。各种专业力量，如设施抢险、设备修复、辐射侦察、去法洗消、医学救援等力量能否快速展开行动、有效处置各种情况。四是资源保障能力。核应急计划区内是否有足够的安置点、交通工具、生活必需品和稳定碘等。

5.4.2.5　编写核应急预案

编写核应急预案是编制工作的核心内容，编写核应急预案主要把握几点：一是编写内容框架。编写内容框架主要参考《核电厂应急计划与准备准则　场内应急计划与执行程序》（GB/T 17680.8—2003），核应急救援力量的应急预案在此基础上进行编写。二是要广泛地征求意见。由于预案涉及多个业务部门、下级、相关救援力量，预案初稿完成后，要广泛征求上级、同级、下级的意见，以便达成一致和共识。三是合理地吸纳意见。不同部门的意见往往代表本部门的关注，不同的意见有可能相互矛盾，在吸纳意见时，要从整体、宏观上去考虑意见的合理性，吸纳意见中合理正确的部分。在充分吸收各方面的意见后，形成送审稿。

5.4.2.6　评审、备案与公布

（1）评审

核应急预案编制工作小组或牵头单位应当将预案送审稿及各有关单位复函和意见采纳情况说明、编制工作说明等有关材料报送应急预案审批单位。因保密等原因需要发布应急预案简本的，应当将应急预案简本一起报送审批。

核应急预案审核内容主要包括预案是否符合有关法律、行政法规，是否与有关应急预案进行了衔接，各方面意见是否一致，主体内容是否完备，责任分工是否合理明确，应急响应级别设计是否合理，应对措施是否具体简明、管用可行等。必要时，应急预案审批单位可组织有关专家对应急预案进行评审。

核应急评审一般采取外部评审。外部评审是由外部机构或专家对核应急预案进行审核。

（2）审批

核应急预案由不同的机构进行审批。国家核应急预案由国务院核工业主管部门牵头制定，报国务院批准后组织实施，以国务院办公厅名义印发；

国家部门核应急预案由部门有关会议审议决定，以部门名义印发，必要时，可以由国务院办公厅转发。

省（自治区、直辖市）人民政府应急预案，报国家核事故应急协调委员会审批后组织实施。

核动力厂营运单位的应急预案必须在主管部门审查后，在首次装料前12个月报国家核安全部门审评，并报国家核事故应急机构备案。

研究堆营运单位的应急预案应该在反应堆首次装料前6个月报国家核安全部门审批。

核电厂所在省（自治区、直辖市）的应急预案必须在核电厂首次装料前12个月报国家核事故应急机构审批。

（3）备案

核应急预案审批单位在核应急预案印发后的20个工作日内依照下列规定向有关单位备案：地方人民政府核应急预案抄送上一级人民政府有关主管部门备案。部门核应急预案报送本级人民政府备案。成员单位核应急预案向核工业主管部门备案。核设施营运单位的核应急预案应当向所在省核事故应急协调委员会、核工业主管部门和能源主管部门备案（图5-2）。

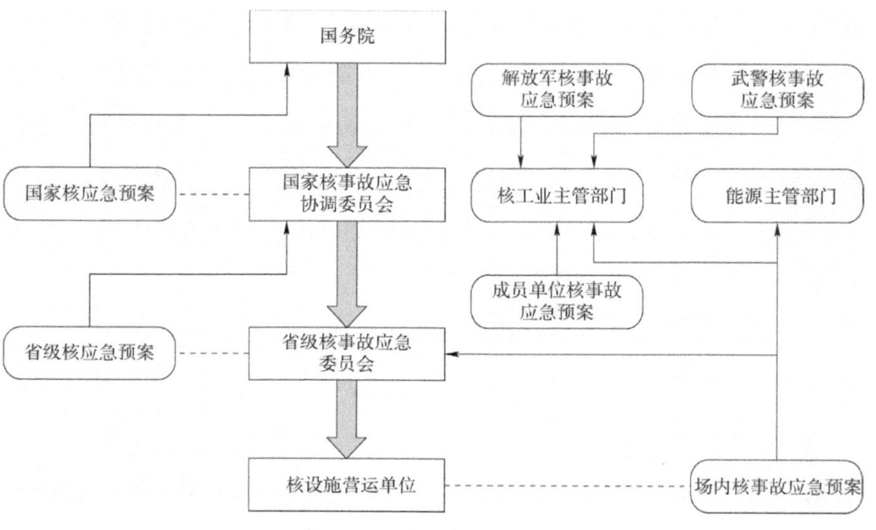

图5-2　核应急预案备案

中国人民解放军和中国人民武装警察部队按照国务院、中央军事委员会的规定，制定本系统支援地方的核事故应急工作预案，报国务院核工业主管部门备案。

（4）公布

地方核应急预案应向社会公布。对确需保密的应急预案，按有关规定执行。

5.4.2.7　预案维护更新

核应急预案维护更新是必要的，维护更新主要发生在以下几种情况：一是核应急法律法规发生了变化；二是上级核应急预案或本级总体应急预案进行了修订，为了保持核应急预案的衔接性，需要进行更新；三是组织机构发生变化，如组织机构出现增加、撤消、合并等情况，核应急预案相应的内容必须及时进行调整；四是单位职能任务发生了变化。

第 6 章　核应急设施设备与装备

核应急设施设备与装备是应急人员履行应急职责的场所和工具，针对应急设施设备与装备的规划、建设与维护是各级组织和核应急专业力量开展核应急工作的重要组成部分。当前，根据相关法规和标准的要求，国家、省级、核电厂营运单位以及相关核应急专业力量，都建设了体系较为完备的核应急设施设备与装备，这些设施设备与装备已经成为我国核应急管理工作重要的物质基础。

6.1　核应急设施设备

核应急主要的设施设备包括应急指挥中心、技术支持中心、主控室、辅助控制室、应急通信系统和应急环境监测设施等。

6.1.1　国家法规和标准对核应急设施设备的要求

在 IAEA 的安全标准 NS-G-2.6 中，对核应急相关设施设备提出了一般要求。我国国家核安全局于 2019 年年底批准发布了核安全导则《核动力厂营运单位的应急准备和应急响应》（HAD 002/01—2019），对核动力厂营运单位的应急设施和应急设备建设提出了明确指导。《核电厂应急计划与准备准则》（GB/T 17680）也参考 IAEA 和美国等提出的应急设施功能与特性准则，针对核电厂场内和场外提出了应急设施功能与特性要求。

6.1.1.1　场内核应急设施设备的一般要求

我国对于场内核应急设施的技术要求，主要体现在《核动力厂营运单位的应急准备和应急响应》（HAD 002/01—2019）和 GB/T 17680.7—2003，这两部法规对主要应急设施位置、基本功能、可居留性和所配置的设备做出了明确的规定。福岛核事故后，国家核安全局会同有关部委对运行和在建核电厂开展了核安全检查，为了进一步提高我国核电厂的核安全水平，国家核安全局依据检查结果对各核电厂提出了改进要求。为了规范各核电厂共性的改进行动，国家核安全局组织编制了《福岛核事故后核电厂改进行动通用技术要求》，作为核电厂后续改进行动的指导性文件。在技术要求中，对应急控制中心可居留性及其功能提出了新的技术要求。相关法规和标准对主要应急设施的具体要求见表 6-1。

表 6-1　场内主要核应急设施设备要求

<table>
<tr><th>序号</th><th>应急设施与设备</th><th colspan="2">主要要求</th></tr>
<tr><td rowspan="4">1</td><td rowspan="4">主控制室</td><td>功能</td><td>对核电厂运行和事故状态实施运行控制的场所；在启动应急控制中心以前，是指挥应急响应的主要设施</td></tr>
<tr><td>屏蔽要求</td><td>在核动力厂主控制室和外部环境之间设置屏障等适当的措施，并在事故期间能向主控室人员提供足够的信息，以在较长时间内保护主控室人员免于受到事故工况下形成的高辐照水平、放射性物质的释放、火灾、易爆或有毒气体的危害</td></tr>
<tr><td>应急设备</td><td>应能在主控室或其附近地方取得</td></tr>
<tr><td>通信系统</td><td>应当用诸如冗余度和多样化的办法来保证主控室的通信系统的可靠性</td></tr>
<tr><td>2</td><td>辅助控制室</td><td>功能</td><td>应有足够的仪表及控制设备，以便在主控室丧失其完成基本安全功能的能力时，能实施停堆、保持停堆状态、导出余热并监测核动力厂基本参数</td></tr>
</table>

续表

<table>
<tr><th>序号</th><th>应急设施与设备</th><th colspan="2">主要要求</th></tr>
<tr><td rowspan="4">3</td><td rowspan="4">应急控制中心</td><td>所处位置</td><td>应设在场区内与主控室相分离的地方，与可能的事故释放源有一定距离，并尽量避开主导风向下风向。必要时，在烟羽应急计划区外、烟羽应急计划区边界附近且交通便利的地方设立一个备用应急控制中心</td></tr>
<tr><td>功能</td><td>应急状态下，作为营运单位实施应急响应的指挥场所，还可以是某些应急行动组的集合与工作场所</td></tr>
<tr><td>通信</td><td>在中心内可取得场内重要参数和场内及其邻近地区放射性状况信息以及气象数据；具有与国家核安全监管部门进行通信联络、实时在线传输核动力厂重要安全参数的能力。还应具有联络核动力厂主控制室、辅助控制室、场内其他重要地点以及场内外应急组织的可靠通信手段</td></tr>
<tr><td>结构</td><td>应满足一定的抗震要求，并具备抵御设计基准洪水危害的能力，在遭遇超设计基准洪水（假想设计基准洪水位叠加千年一遇降雨）的情况下，可参照《核电厂防洪能力改进技术要求》进行防水封堵</td></tr>
<tr><td rowspan="2">4</td><td rowspan="2">技术支持中心</td><td>功能</td><td>为主控室的工作人员提供技术支持；是获取核动力厂参数、信息和制定严重事故对策的工作场所</td></tr>
<tr><td>所处位置</td><td>与主控室应分开设置，可建在应急控制中心内，或单独建设。必要时，应设立后备技术支持中心</td></tr>
<tr><td rowspan="3">5</td><td rowspan="3">运行支持中心</td><td>功能</td><td>在应急响应期间供执行设备检修、系统或设备损坏探查、堆芯损伤取样分析和其他执行纠正行动任务的人员集合与等待指派具体任务的场所</td></tr>
<tr><td>所处位置</td><td>在核动力厂保护区内，或在能够快速进入保护区的其他合适位置</td></tr>
<tr><td>通信</td><td>与主控室、核动力厂场内的响应队伍及场外的响应人员（如消防队）有安全可靠的通信设备</td></tr>
</table>

续表

<table>
<tr><th>序号</th><th>应急设施与设备</th><th colspan="2">主要要求</th></tr>
<tr><td rowspan="2">6</td><td rowspan="2">通信系统</td><td rowspan="2">功能具体要求</td><td>保障在应急期间内部以及与国务院核安全监督管理部门、场外核应急组织等单位的通信联络和数据信息传输；具有向国务院核安全监督管理部门进行实时在线传输核动力厂重要安全参数的能力</td></tr>
<tr><td>一是应按照积极兼容和冗余的原则进行设计。二是在主要应急设施内应设置有满足应急响应行动需要的通信通道和布点。三是对于分布较为分散的应急集合点，应考虑设置语音和数据布点。四是应保证有线广播系统、报警系统等在场区的完整和有效覆盖。五是应配备一定数量的卫星电话。六是与本地公网之间的外部通信中继链路宜采用不同物理路由接入公网上的两个不同节点，以保障通信网络的可靠性。七是应急通信系统的上游电源应至少有一路引自应急电源。为保证可靠性，应急通信系统应考虑配置通信专用不间断电源</td></tr>
<tr><td rowspan="2">7</td><td rowspan="2">评价设施与设备</td><td>功能</td><td>一是获取核动力厂运行状态和重要安全参数；二是诊断预测核动力厂事故状态；三是预测和估算事故的场内、场外辐射后果；四是能获取评价所需要的厂址地区相关参数（气象、水文、地震等）</td></tr>
<tr><td>主要设备</td><td>一是核动力厂测量与控制设备，监测事故演变过程的设备（如通过监测压力和温度、液面高度和流量率、反应堆冷却系统和安全壳内的氢浓度）；二是自然现象监测仪，如现场气象观测系统、气象仪器、地震仪器等，现场气象观测系统应具有厂址条件的代表性，及时维护校验以保证数据可靠性；三是与执行辐射防护工作相关的监测仪表和设备，这些设备即使在最严重的辐射条件下和恶劣环境条件下都应保持其充分的可运行性、灵敏度和精确度；四是事故后果快速评价手册；五是相关地图，如标有通道和拟建路段位置、调查区域、撤离区域、取样点、学校、医院、私人和公共水源等的地图。在营运单位应急预案中，应列出用于应急测量以及连续评价应急状态的评价系统、设施、设备和文件</td></tr>
</table>

续表

<table>
<tr><th>序号</th><th>应急设施与设备</th><th colspan="2">主要要求</th></tr>
<tr><td rowspan="3">8</td><td rowspan="3">辐射监测设施与设备</td><td>功能</td><td>一是监测事故状态下气态或液态放射性物质的释放；二是监测事故状态下核动力厂有关场所、受污染车辆、人员、场区及其附近的辐射水平，判断放射性污染的范围和程度</td></tr>
<tr><td>主要设备</td><td>一是用于正常和应急状态时的工艺、区域、流出物等监测和测量的固定式和可携式辐射监测器及取样装置；二是测量外照射剂量、剂量率和气溶胶中 β-γ 放射性的固定式和活动式的辐射监测仪器；三是实验室设备，包括配有全套监测、通信设备的活动实验室和设在核动力厂及其附近的取样设施</td></tr>
<tr><td>特殊要求</td><td>监测设施和监测点位布置应具有合理性和代表性；应具备适当的后备宽量程监测手段或及时恢复监测设施可用性的手段；即使在最严重的辐射条件下和恶劣环境条件下都应保持其充分的可运行性、灵敏度和精确度；环境实验室的设置应避开主导风向的下风向；必要时在烟羽应急计划区外建立后备环境监测手段</td></tr>
<tr><td rowspan="2">9</td><td rowspan="2">辐射防护设施与设备</td><td>功能</td><td>用于人员个人辐射监测与防护</td></tr>
<tr><td>主要设施设备</td><td>一是个人辐射监测设备，如表面污染监测仪、全身计数器等；二是现场应急工作人员的辐射防护装备与器材，如呼吸防护用的口罩、面罩、配有滤毒罐的防毒面具、稳定碘片、防护衣、帽、眼镜、手套、鞋等；三是可作为隐蔽场所的设施</td></tr>
<tr><td rowspan="2">10</td><td rowspan="2">急救和医疗设施与设备</td><td>功能</td><td>用于隔离人员污染，快速清除人体放射性污染，实施人员急救</td></tr>
<tr><td>主要设施设备</td><td>医疗应急设施设备、淋浴与去污设施设备、相应的实验室和仪器</td></tr>
<tr><td rowspan="2">11</td><td rowspan="2">应急撤离路线和集合点</td><td>功能</td><td>用于位于场区内的工作场所和其他区域人员的撤离</td></tr>
<tr><td>具体要求</td><td>一是数量足够，标识醒目而持久；二是应急撤离路线和集合点，集合点应能抵御恶劣的自然条件，应考虑有关辐射分区、防火、工业安全和安保等要求，并配备为安全使用这些路线和应急集合点所必需的应急照明、通风和其他辅助设施</td></tr>
<tr><td>12</td><td>可居留性</td><td colspan="2">在设定的持续应急响应期间内（一般为 30 d），工作人员接受的有效剂量不大于 50 mSv，甲状腺当量剂量不大于 500 mGy</td></tr>
</table>

6.1.1.2　场外核应急设施设备的一般要求

我国对于场内核应急设施的技术要求，主要体现在 GB/T 17680.3—1999，该标准规定了核电厂场外应急设施和设备的功能与特性要求。

（1）场外核应急设施的一般功能

场外应急设施主要包括场外应急指挥中心、前沿指挥所、场外应急监测中心、评价中心，以及撤离临时安置点、洗消和去污点、辅助设施等。场外应急指挥中心是场外应急指挥部组织、指挥和协调场外所有应急响应行动的场所。前沿指挥所是省级应急总指挥或省级应急指挥部有关领导在前沿指挥各种应急响应工作的场所。场外应急监测中心用于核素分析（包括放化分析、物理测定）和进行环境监测的综合评价。评价中心用于接受、分析来自核电厂和场外应急监测中心提供的事故信息，进行事故后果评价、提供评价结果和提出防护行动建议。撤离临时安置点用于为事故时撤离人员安排临时食宿。洗消和去污点用于对人员、车辆及部分设备进行洗消和去污。场外应急医疗救援设施用于对受伤、受污染人员提供急救、去污和护理。公众信息中心用于发布有关事故信息、解答公众有关应急信息的查询、接待新闻媒介的采访和收集各界人士的反映。

主要场外应急设施的一般功能见表 6-2。

表 6-2　场外应急设施的一般功能

功能		场外应急设施			
		场外应急指挥中心	前沿指挥所	场外应急监测中心	评价中心
基本功能	应急管理	√			
	应急评价	√		√	√
	实时防护措施	√	√		
支持功能	技术支持	√	√	√	√
	通信联络	√	√	√	√
	通知	√	√		

续表

功能		场外应急设施			
		场外应急指挥中心	前沿指挥所	场外应急指挥中心	评价中心
支持功能	数据的发送和（或）接收	√	√	√	√
	行政管理	√			
	后勤支持	√	√		
	文件编写	√	√	√	√
	消防支持	√	√		
	治安支持	√	√		
	医疗支持	√	√		
	公众信息	√			

（2）场外核应急设施的一般要求

场外主要核应急设施的一般要求见表 6-3。

表 6-3　场外主要核应急设施设备要求

序号	应急设施	主要要求	
1	场外应急指挥中心	所在位置	通常位于省（自治区、直辖市）人民政府所在地，也可设在核电厂所在地区（市、县）
		主要设备和器材	通信设备（包括传真机）；地图；显示屏；时钟；办公家具、文具、打印机、复印机等；图表；应急预案和执行程序；食品和饮料；应急电源
2	前沿指挥所	所在位置	应位于比较接近核电厂厂址但又不受核事故影响的安全地带
		主要设备和器材	与场外应急指挥中心基本相同但数量可以减少，另需配备个人防护服和个人剂量计

续表

序号	应急设施	主要要求	
3	场外应急监测中心	所在位置	应位于核事故的烟羽应急计划区以外的地方
		主要设备和器材	样品采集装置；样品制备装置；γ 谱仪；α、β 计数器；γ 监测仪表和连续 γ 监测系统；热释光剂量计和测量仪表；流动监测实验室（或车）、取样车；办公家具、文具、复印机等；电话；应急执行程序；清洁区和污染区的标记；应急电源；图表资料和地图
4	评价中心	所在位置	应接近场外应急指挥中心
		主要设备和器材	通信设备（包括数据传输设备和传真机）；打印机；计算机评价系统、维修工具；应急预案和执行程序；评价用资料、图表；核电厂环境影响报告书，最终安全分析报告；办公家具、文具复印机；应急电源
5	撤离临时安置点	所在位置	烟羽应急计划区外的安全地点，如学校、招待所、旅馆、会议场所和影院等
		主要设备和器材	食品和饮料；衣物、被褥；家具、文具；电话；卫生和洗衣设备；急救设备和预防药物；便携式监测仪；安置计划
6	洗消和去污点	所在位置	计划撤离区以外的交通控制点附近
		主要设备和器材	洗消设备、去污设备；放射性表面污染监测设备；隔离标记和污染标记；控制污染的覆盖物；洗消和去污程序；家具、文具；电话
7	场外应急医疗救援设施	所在位置	充分利用当地医院
		主要设备和器材	个人去污设备；处理被污染衣物的设备；塑料鞋套；辐射警告标志和符号；污染监测仪；辐射测量仪；放射性废物容器；病房、床位、救护车和急救设备
8	公共信息中心	所在位置	应接近场外应急指挥中心
		主要设备和器材	电话、传真机、打印机、扩音器、复印机；文具、家具；应急计划；核电厂的一般宣传资料、挂图；地图

6.1.2 核电厂场内应急设施设备

我国的核电建设在国际上虽然起步较晚，但核电厂核应急设施的建设从一开始就基本上按照国际标准进行。按照国家要求，参照国际标准，我国各核设施营运单位均建立相关的核应急设施及设备，包括应急指挥中心、应急通信设施、应急监测和后果评价设施，配备了应对处置紧急情况的应急电源等急需装备、设备和仪器。我国在运和在建核电站的机组类型主要为M310、CPR1000、CANDU6、CNP300、CNP650、AP1000，各核电厂应急设施的情况见表6-4～表6-8。

6.1.3 省级场外核应急设施设备

我国所有核电厂所在省包括辽宁、山东、江苏、浙江、福建、广东、海南、广西等省（自治区）大都建立了功能齐全、先进适用的省级场外核应急设施，配备了必要的后果评价、辐射监测和通信系统及设备。

6.1.4 国家级场外核应急设施设备

在应对严重核事故时，国家级场外核应急设施设备尤其是指挥中心的作用非常重要。为满足核应急决策、指挥，以及对外核应急联络的需要，国家级场外核应急设施应具有下列基本功能：一是能接收、显示和传递核电厂运行及事故信息，包括事故时的堆芯状态、气象资料、场区内外的辐射水平等，并进行分析、评价，为专家咨询和应急决策提供依据；二是能接收、传递省核应急组织应急响应的有关信息；三是可为核应急响应中心与有关部门间的信息传输和进行国际通报提供条件；四是可为国家核应急事故协调委员会有关成员、专家及工作人员提供工作环境，保障应急响应活动迅速、有效地实施。

表 6-4　各电厂的主控室设置情况

	大亚湾	宁德	红沿河	阳江	福清	秦山核电基地	田湾
设置	一台机组一个主控室						
功能	实施电站运行控制，应急期间运行控制组的工作场所						
位置	电气厂房	电气厂房	电气厂房	电气厂房	电气厂房	主控制楼/电气厂房/辅助厂房	控制厂房
结构抗震	抗震 I 类	抗震 I 类	抗震 I 类	抗震 I 类	抗震 I 类	抗震 I 类	SL-2
人员配备	10	11	11	11	5	4	4
可居留性	LB-LOCA 下可居留 30 d	LB-LOCA 下可居留 30 d	LB-LOCA 下可居留 30 d	LB-LOCA 下可居留 30 d	LOCA（RG1.183 假设）下可居留 30 d	设计基准事故下可居留 30 d；最大可信设计基准事故下，90 d 的剂量为 101 mSv	设计基准事故下可居留 30 d
通信系统	具有冗余性、多样性，保证控制室与其他应急设备之间的通信联系						

表 6-5　各电厂的应急指挥中心设置情况

	大亚湾	宁德	红沿河	阳江	福清	秦山	田湾
功能	应急响应期间指挥和协调核电基地内一切核应急响应行动的场所						
位置	距离核岛厂房 1.3 km	距离核岛厂房 1 km	距离 1 号核岛 1.1 km	距离 5 号反应堆 1.1 km	距离 1 号、2 号机组反应堆厂房的中点 1.5 km	距离一厂方家山 2 号机组 1 km	距离核岛厂房 700 m
人员配备	9	11	11	11	7	12	6
结构抗震	对于不能满足 SL-2 的，要考虑建备用指挥中心						
可居留性	严重事故下可居留 30 d						
通信系统	具有冗余性、多样性，保证应急指挥部与场内各应急小组以及场外应急管理部门之间的通信联系						

表 6-6　各电厂的技术支持中心设置情况

	大亚湾	宁德	红沿河	阳江	福清	秦山			田湾
						一厂	二厂	三厂	
位置	应急控制中心	应急控制中心	应急控制中心	应急控制中心	电气厂房	电气厂房	位于主控楼，可观察主控室内的情况	辅助厂房，与主控室相邻	控制厂房，位于主控室后面
功能	进行机组状态评价、事故后果评价、环境监测并向指挥部提供运行维修和防护行动建议					评价、诊断电站状况，给场内应急指挥部和运行控制组提供控制机组和决策的建议			
结构抗震	抗震Ⅰ类	抗震Ⅰ类	抗震Ⅰ类	抗震Ⅰ类	抗震Ⅰ类	抗震Ⅰ类	抗震Ⅰ类	DBE	SL-2
人员配备	9	9	9	9	9	5	5	5	7
可居留性	同应急控制中心	同应急控制中心/与主控室相同	同应急控制中心/与主控室相同	同应急控制中心/与主控室相同	同应急控制中心/与主控室相同	与主控室相同			
通信系统	配备机组状态诊断系统终端、事故后果评价系统终端、电话、传真机、个人剂量计等								

表 6–7 各电厂的运行支持中心设置情况

	大亚湾	宁德	红沿河	阳江	福清	秦山			田湾
						一厂	二厂	三厂	
功能	为运行支持组和安全保卫组成员在应急响应期间实施应急行动活动的场所					现场应急指挥中心；为抢救支援人员及其他应急人员提供隐蔽、待命的场所			核服务厂房+检修车间+运行服务厂房+仪控工程师站
位置	反应堆厂房 70 m	应急控制中心	应急控制中心	应急控制中心	应急控制中心	EG 楼	距离机组 700 m 处	辅助厂房	总卫生出入口
结构抗震	—	SL–2	SL–2	SL–2	SL–2	抗震 I 类	抗震 I 类	DBE	DBE
人员配备	9	48	48	48	48	12	12	12	20
可居留性	设计基准事故可居留	严重事故下可居留 30 d				严重事故下可居留 30 d	设计基准事故下可居留 30 d	与主控室相同	设计基准事故下可居留 30 d
通信系统	应急指挥系统网络终端、行政电话、安全电话等								

表 6–8 各电厂的辅助控制室设置情况

	大亚湾	宁德	红沿河	阳江	福清	秦山			田湾
						一厂	二厂	三厂	
功能	在主控制室因火灾等原因不能停堆时，用以停堆								
位置	电气厂房	电气厂房	电气厂房	电气厂房	电气厂房	电气厂房	主控制楼	辅助厂房	控制厂房
结构抗震	—	—	—	—	—	对地震和飞射物有良好的防护		—	DBE
可居留性	没有特殊的可居留设计								设计基准事故下可居留 30 d

切尔诺贝利核电站事故后，各核电大国先后建立了国家级核应急指挥中心。福岛核事故后，日本率先加强了国家核应急指挥中心建设，将原来设计容量为60个岗位的指挥中心扩建为可以容纳200人同时工作的新核应急指挥中心，面积达1万 m^2。这些国家核应急指挥中心集核应急指挥协调场所、信息集散中心、技术支持平台为一体，以满足核应急工作的两个“第一”的要求：第一时间了解事故状况、研判事故发展并做出正确决策，第一时间组织动员各方面力量投入救援工作。其共同的特点，一是配备了强大的技术手段，能够快速准确地研判事故后果，为指挥决策提供依据；二是功能齐全，能够为各部门和机构提供工作条件和手段；三是注重平战结合，事故时作为应急指挥的场所和平台，常态下开展预警监测、演习培训、公众宣传和相关科研。

我国首个国家核应急响应中心于2004年年底建成并投入使用，分为指挥室、专家室、响应室、值班室、总控室、接待室、设备室、电源室等功能间，响应中心除具备基本的应急指挥通信能力如视频会议系统、电话会议系统等，还实现了工况、辐射监测、气象数据的传输及显示，建成了事故后果评价系统。此外，响应中心还建设了具备报警自动接收、值班管理、文件管理、应急短信平台等功能的软硬件系统。

6.2 核应急装备

核应急装备，是指用于执行核应急任务的指挥、通信、监测（巡测）、沾染检查、去污洗消、工程抢险、医疗救护和技术支持等各类专用设备、器材的统称。先进的技术装备，是有效完成核应急任务的物质基础，核事故危害影响大、范围广、消除难，与一般抢险救灾不同，必须依靠先进技术装备，在陆地、海上、空中展开专业救援行动。在福岛核事故应急救援中，日本动用多种核应急装备器材，种类多、科技含量高，一定程度上代表了核事故应急救援装备器材的发展趋势。美国、俄罗斯、法国等核能先进国家也建设了比较完整的核应急装备体系。

面对核能事业发展的新形势、新挑战，我国核应急装备必须及时配套完善，甚至要超前发展，确保我国核安全。国家十分重视核应急装备的发展，《核安全与放射性污染防治“十三五”规划及 2025 年远景目标》明确提出研发应急救援设备，加强救援队能力建设，具备执行重特大核事故处置任务的能力。《中国的核应急》白皮书在核应急专用装备研发方面明确指出“重点推进核应急辐射监测、辐射防护、医学救援、去污洗消等装备研发和系统集成，自主研制车（船）载巡测设备、航空辐射监测系统、辐射监测与事故响应机器人等装备，以及车（船）载核应急指挥系统、核应急医学分类及监测平台、医疗支援系统等”。

6.2.1　核应急指挥控制装备

核应急指挥控制装备用于应急力量内部之间的互联互通，实现各级指挥命令和监测信息的有效传递，能针对核事故等级，及时地生成多套核应急方案，为核应急指挥提供辅助决策，能实时掌握核应急救援力量的状态，根据现场处置情况，协调控制各种力量的行动。

美国是核应急指挥装备发展比较先进的国家，开发了核事故信息通报控制平台，建立了核应急指挥系统，利用专用通信系统、互联网络、媒体介质等技术手段，可实现核事故应急信息的分析处理和实时传输控制。一旦核事故发生后，每个联邦应急中心的电子地图可实时显示空中、地面、海域的应急力量配属坐标，可以实时指挥调度现场力量。各个力量之间可以互联互通，共享数据。建立的移动指挥所，可在核事故现场为响应人员、技术人员和其他人员提供灵活的封闭环境，包括指挥中心、会议室、分组讨论区、洗手间和淋浴间等，并配有卫星电视、互联网和收音机，用于监视响应活动。

6.2.2 核应急辐射监测装备

核应急辐射监测装备用于探明核事故情况，完成辐射侦察、核素鉴定、剂量测量、样品活度分析、沾染检查、个人剂量监测等具体任务。当前，核应急辐射监测装备无人化、信息化、集成化、智能化、网络化程度越来越高。

航空辐射监测装备具有测量速度快、作业范围大、受地理条件限制少、效率高等显著优点，可有效充实地面监测数据，实现环境中空间三维一体化监测和监控，是备受世界各国青睐的辐射监测手段。特别是三里岛、切尔诺贝利、福岛核事故等发生后，航空辐射监测装备在事故应急辐射监测中发挥了重要的作用。航空辐射监测技术也经历了飞机平台、任务设备不断优化集成、技术方法不断完善的过程，由不同类型的飞机平台和任务设备组合的航测系统呈多元化发展趋势。由美国环保署后果管理咨询司维护和支持的ASPECT航空辐射监测系统，是一种机载实时辐射探测、红外和照相成像平台，可提供24/7/365服务，在接到通知后1 h内部署，在9 h内开始在美国大陆的任何站点收集数据。ASPECT 由安装在单引擎涡轮螺旋桨飞机上的一组传感器和软件组成。该系统可以在收集数据的5 min之内生成数据产品。主要机载设备包括红外线扫描仪、高速红外光谱仪、γ谱仪、中子探测器、数码航测相机、卫星数据/通信系统等。受切尔诺贝利核事故的影响，欧洲各国非常重视航空辐射监测的发展，用来快速对大面积区域进行预警和监控，并评估事故影响。欧洲航空辐射监测能力比较发达，并已成为重要的核应急辐射监测手段。如德国政府建立的航空核应急辐射监测系统，由4套NaI（Tl）探测器和1台高纯锗探测器及系统主机组成，安装在联邦警察的直升飞机上，可在5 h内对德国境内开展测量，通过地面数据处理软件，可以圈定辐射源的位置，测量强度大小，分析和识别地面辐射源的种类。芬兰的Patria无人机，使用模块化的航空传感系统进行测量，搭载CsI探测器和空气采样器，可实现全自动飞行，续航时间超过1 h，飞行高度为50～150 m，巡测速度达60 km/h。瑞典、丹麦、挪威、意大利、比利时等国家也都配备了航空辐射监测系统，并定期开展航空辐射监测比对交流活动。福岛核事故后，日本于 2011 年 4 月 6 日—2016 年 9 月，采用直升机对核电厂周围进行了 11 次航空辐射监测，掌握了福岛第一核电厂 80 km 内的空气剂量率变化和 ^{134}Cs、^{137}Cs 地面污染分布情况。

历次严重核事故应急过程还表明，针对事故现场，需要一种能快速响应的辐射监测手段，以期尽快确认现场状况及故障起因，掌握现场辐射场分布，为应急处置行动提供参考信息，以机器人为平台的无人化探测系统成为承担这一任务的首选，核事故的发生，促进了耐辐照核应急机器人的发展。RedZone 公司研制的 Pioneer 耐辐照机器人，由美国 DOE 和 NASA 资助，于 1998 年成功进入切尔诺贝利核事故现场进行监测和处置。Pioneer 机器人可工作于 5～10 Gy/h 的辐射强度下，能承受 10 000 Gy 的累积剂量。Pioneer 机器人采用履带结构，携带一个不到 1 m 长、质量约 68 kg 的特殊钻头，用于钻透反应堆的墙壁和碎石。配合一个最大臂展提供 45 kg 负载的六自由度机械臂，可在反应堆内部进行采样工作。同时携带多种传感探测器，用于对事故现场进行辐射场和温湿度等信息探测。福岛核事故的发生促进了机器人的大发展，机器人更趋于小型智能化，功能单元使用更加灵活，更加适应复杂的核事故现场。美国 iRobot 公司开发研制的 PackBot 系列机器人，通过对电子设备（如控制器、通信设备及线路）的抗辐射改造和防护技术改造，满足强剂量环境防护工作要求。PackBot 机器人的最大特点是其两只履带主动轮外侧配有可拆卸式前置履带，使其具有极强的越障能力和倾翻自调的功能，可以适应复杂工况。在 2011 年 3 月日本福岛核电站核事故发生之后不久，美国便向日本派遣了 iRobot 公司的 PackBot。PackBot 是一种轻型机器人，质量不超过 30 kg，续航时间可达 8 h，其底座的体积基本与一个手提箱相当。这种机器人可以在核事故现场的废墟残骸中自由穿梭行动，并通过几百米长的光纤实时传回现场视频图像和环境数据，包括应急辐射水平、现场氧含量、温湿度以及化学危险物质含量等。日本千叶工业大学研发的 Quince 系列机器人，也曾用于福岛核事故。Quince 机器人本体结构采用碳纤维和铝合金，有效降低了本体重量，主履带旁配合 4 个独立的副履带驱动，可以有效提高本体的稳定性和越障能力；安装有一个二自由度的机械臂，用于进入反应堆内部完成液体取样；其携带的 3D 摄像系统，可以实时测绘现场的三维图。Quince 系列机器人耐辐照测试时，在 ^{60}Co 放射源 40 Gy/h 的辐照剂量下，可以连续正常工作 5 h。另外，两种机器人 Rosemary 和 Sakura 经常双机联合使用，对福岛核事故反应堆厂房的 2 层、3 层进行监测。两台机器人独立使用时均可以使用无线通信，双机联合使用时，Sakura 机器人利用自身 300 m 长的有线线缆，为 Rosemary 提供无线中继通信，增加 Rosemary 的监测范围。这两款机器人耐辐照设计标准参考了 Quince 系列机器人。B1、Scorpion 和 PMORPH 机器人都是可变形的机器人，通过安全壳的导管进入安全壳内进行监测。在导管内直线行驶时，3 款机器人使用直线棒形的结构，进入安全壳内部后，B1 和 PMORPH 变化为“凹”字形结构行驶监测，Scorpion 变化为蝎子形态行驶监测。B1 的摄像头耐辐照能力设计在 10 Gy/h 辐射剂量条件下，总剂量大于 1 000 Gy。但最终成功在 70 Gy/h 环境下正常工作。Scorpion 和 PMORPH 机器人设计指标为可在 100 Gy/h 辐射环境下工作。2012 年起，日本特比工业和 IRID 等单位研制使用于福岛核事故反应堆地面以下的耐辐照核应急机器人，目标是进入安全壳内被水淹没的部分进行监测。Survey Runner 机器人是第一款进入福岛事故反应堆地面以下的监测机器人，携带耐辐照摄像机进行监测，主要特点是其 4 个独立驱动的履带，可以避免机器人在上下楼梯或越障时跌倒。Surface boat 是一款可以在水面上行驶的机器人，携带有 3 个水上监测摄像头、2 个水下摄像头和 1 个剂量率仪，用于在安全壳内水面上监测。SC-ROV 针对安全壳与外部链接管道的间狭缝处进行监测，该机器人整体结构较为扁平，整机结构防水，运载平台可搭载一个可进入水中的视频监测器。Gengo 和 Trydiver 是两款进入水中监测的机器人，Gengo 在水中表现为中性浮力，可以实现在水中前、后、左、右、上、下全向运动，只携带前后端 2 个水下耐辐照摄像头进行视频监测；Trydiver 在水中质量约 1.5 kg，可以在水底爬行，携带前、后 2 个水下摄像头监测和1个超声波声呐用于定位及测量。Telesoopic 和 Lake Fisher 是两款在安全壳下部外侧监测用的机器人，都携带有剂量仪、温湿度仪和视频摄像头，可以爬楼梯或在斜坡行驶。

车载辐射侦察装备是发生大剂量释放事故后在陆地上进行辐射巡测最有效的工具，通过在载车上搭载辐射测量设备、通信设备、定位设备等实现在线辐射测量、数据传输和即时显示。美军在新一代“斯特瑞克”8×8 轮式步兵战车基础上改装了 M1135“斯崔克”核生化侦察车。“斯崔克”核生化侦察车是一系列轮式装甲作战车的变形车，最高时速 62 km/h，作战半径约 516.5 km。“斯崔克”核生化侦察车是目前世界上最先进的防化侦察设备之一，配备 C4ISR 系统和核生化侦察设备，装备美军“斯崔克”旅作战部队、重装旅作战部队等，主要执行核生化侦察、定位、识别、标记、取样以及报告战场上核生化污染情况等任务，可自动汇总污染区信息，通过车载指挥和控制设备传输数字化核生化报警信息，以警告后续部队，还可为后续分析工作收集样品。美国还配备了多种手持式现场监测设备、高分辨率现场γ谱仪，以及低、中和高容量空气采样器等，可检测α、β、γ和中子辐射，进行环境空气样品采集。俄罗斯 PXM-6“马车”化学及辐射侦察车主要用于化学、辐射及非特种生物侦察，并能把侦察结果传输至自动化指挥系统，该车可实时接收气象、辐射、化学及生物侦察情报，并能将其显示在车载显示图和信息接收单位的显示图上。福岛核事故期间，日本采用京都大学开发的 KURAMA 系统进行了道路γ空气剂量率监测，该系统在监测车上搭载 NaI/CsI 闪烁体探测器、电离室和定位设备等进行测量，可在道路行驶的同时连续测量道路周围的γ放射性和 GPS 位置信息。

便携式辐射监测设备方面，尽管近年来核辐射探测器的发展速度比较缓慢，但是伴随现代计算机、通信及显示等相关技术的飞速发展，核应急监测装备仍得到极大的发展，出现了一系列呈现数字化、智能化、网络化等特征的新型核应急辐射监测装备。γ射线成像技术是一种对放射性物质“照相”的核辐射探测技术，最早应用于天文和核医学领域。20 世纪 90 年代，γ射线成像技术逐步应用于辐射环境监测领域。γ 射线成像技术在辐射环境监测领域应用的典型代表是 γ 相机。γ 相机成像可以反映监测区域内是否存在放射性以及放射性强度的空间分布，并准确判断放射性核素的种类，达到对测量区域内的放射性物质进行快速准确定位的目的。美国的 LLNL 实验室首先开展了有关 γ 射线二维成像系统的研究并研制出了应用于辐射监测领域的 γ 成像谱仪 GRIS 成像谱仪，随后国外对于 γ 相机的研究逐步向小型化趋势发展。如美国堪培拉公司生产的 Cartogam 型 γ 相机，是专门为现场 γ 测量设计的，可用于确定放射性场所热点所在位置，也可应用于在常规操作中提供区域辐射强度分布，或去污操作规划时评估放射性来源，以及在应急事件或设备事故中快速确定放射源的位置。Cartogam 便携式 γ 相机具有较高的移动性和远程操作性，探头可分别拍摄 γ 图像和场景图像，叠加后无视觉偏差，具有较高的空间分辨能力和探测灵敏度。环境样品中放射性核素的定量测量主要是依赖于应用 HPGe γ 谱仪在实验室进行准确的测量，而在应急监测中，快速、准确地测得样品中放射性核素的含量显得尤为重要，因此满足样品放射性核素的定量测量和现场监测等要求的新型便携式谱仪系统应运而生。目前，国外最先进的便携式 γ 谱仪系统是 Ortec 公司生产的便携式电制冷 HPGe γ 谱仪系统，以其型号为 Detective-dx-100 的产品为例，探测器采用同轴 P 型高纯锗，晶体的直径为 65 mm，厚度为 50 mm，整机质量约 10.9 kg；系统融合了当今 HPGe 技术在制冷、电子学与软件等方面的最新成果，并结合了先进的通信技术，具有较高的智能化水平，利用软件可完成现场能谱分析。

6.2.3 核应急去污洗消装备

核应急去污洗消装备主要用于对从污染区撤离的受染人员、装备实施洗消；对放射性灰尘和漂浮物实施压制、固化，控制或减轻放射性污染物的扩散；清除重点区域、进出通道和重要建筑物及设备的放射性污染物；回收、转移和处理放射性污染物。

国外开展核事故去污洗消的装备主要有人员、车辆、固定设施洗消装备等几类，同时还配套人员洗消废水收集装置等。美国“9·11”恐怖袭击后，许多国家和组织相继开发了用于大规模受染人员应急洗消与救助处置的洗消系统及配套器材。这类人员洗消系统的原理及组成与我军现役的人员洗消装备（如淋浴车等）基本类似，但更突出了以下几个特点：一是作业量大，有的可以达到 800 人/h 的洗消作业量；二是关注对伤员的洗消与救治；三是体现男女区别，在同一套系统中可同时提供男、女分性别的人员洗消通道；四是采用洗消方舱或充气帐篷等技术手段，展开撤收快捷、方便；五是配套洗消废水收集装置，注重对环境的保护。

国外的车辆去污洗消装备有多种，比较典型的有德国 Karcher 公司的 MPDS 和 MPS3200 型高压射流洗消装置，广泛应用于北约军队与各种救援机构，与该公司的 RM54 型放射性消除剂配合使用，可以完成对车辆及核设施的放射性污染消除。另外是无水或少水的泡沫洗消装置，如 Karcher 公司 TEP90 型模块化洗消系统，应用该公司与 Munster 公司联合研制的 RDS2000 消除泡沫，实施车辆外表面的放射性污染泡沫消除。美国 Intelagard 公司的 Macaw 和 Merlin 两种小型泡沫洗消装置通过添加 RadPro 型消除剂也能够实现对车辆受染表面放射性物质的去除。自动化程度较高的大型车辆去污洗消装备有 Karcher 公司的 Decont Jet 21 洗消系统等，采用自动龙门或机械吊臂等洗消措施，可大大降低洗消作业强度，提高洗消效率，减轻对操作人员的辐射危害。

国外多种模块化洗消装置和洗消车辆，利用高压/常压水基射流洗消方法，能实施对污染地面和道路的应急去污洗消，美国的泡沫洗消车利用水枪或水炮可对建筑物外墙放射性沾染进行去污洗消。考虑到核事故后受染区域内的某些建筑物内地面、设备设施不适宜采用传统的水基洗消方法，因此，可剥离型去污膜成为解决核事故中放射性物质收集转移的一种新型技术手段。美国多家公司研制开发了专用于放射性清除的去污膜，如生产聚合物的 CBI 公司研制的 DG 1101 和 DG 1108 膜证明对铯-137 具有剥离能力。切尔诺贝利核事故发生后，曾利用可剥离型压制去污剂对 1 号、2 号、3 号机组内部进行放射性消除，被处理表面积达 22.5 万 m^2，消耗可剥离型压制去污剂 209 t，处理房间超 150 间。还曾利用无人机对 3 号和 4 号机组屋顶喷洒溶液进行压制工作。

污染压制装备在福岛核事故后需求迫切。日本福岛核事故处置期间，美军出动的 2 辆泵车参与核事故应急救援，这种泵车由普茨迈斯特公司制造，泵车臂展长近 62 m，能在距离目标 3.2 km 外遥控操作。我国企业三一重工向日本免费捐赠的一台 62 m 泵车，用于为福岛核电站 1 号机组注水降温，经过在臂架末端加装摄像头和辐射探测器，可从上空对核电机组情况进行探测与监控。美国大力公司生产的霸王龙高压压缩空气泡沫消防车，兼具压缩空气泡沫和高层供水两种功能，具有装载 9 600 L 水和 600 L 泡沫的液罐；配备的消防炮可以旋转 348° ，最大射程可以达到 80 m，流量为 80 L/s。美国研制的萨迈特遥控消防机器人是一种可实现远距离遥控灭火的新型消防灭火设备，在开阔地带遥控距离 600 m，可以在非常安全的距离有效地观察火场情况，随时调整机器人行进状态和遥控水炮喷射方向。同时，柴油发动机由 30 L 油箱供给燃油，可连续使用约 8 h，为适应长时间大火场灭火，特别设计的远程遥控启停功能，发动和停机自由掌控，更加节省燃油，延长灭火时间。

福岛核事故应急处置期间，日本 IRID 等机构开发了一批功能各异的去污机器人，其中，ASTACO-SoRa 机器人是一种重型机器人，有 2 个机械臂，主要用于收集拾取反应堆厂房内（包括安全壳周围）的放射性固体污染物，并将放射性污染物放入专用的回收容器。根据报告，收纳放射性污染物的回收容器四周放射性剂量可达 1 Gy/h。Raccoon 机器人是一种小型清理机器人，可使用清水或干冰对反应堆厂房内的地面进行冲洗。Arounder 机器人可使用清水或干冰对地面或墙壁进行冲洗。Kanicrane 机器人用于吸纳墙面污染后的灰尘。MEISTeR 机器人通过更换不同的机械臂，可使用钻头对地面进行取样，也可以对地面或墙壁的污染灰尘进行回收，在辐射剂量 100 Gy/h

条件下，总耐辐照剂量大于 1 000 kGy。DRV 机器人用于清理进入安全壳的导管，利用自身携带的水管喷头，将 7.5 MPa 的高压水喷射在导管内部，并利用自身的金属结构，将导管内堆积的污染物推走，以便后续的监测机器人进入安全壳内监测。DRV 机器人在导管内 70 Gy/h 的辐射剂量条件下工作，单次连续工作时间约 2 h。

6.2.4　核应急人员防护装备

核应急人员防护装备用于监测应急人员所受辐照剂量，保障人员安全，为参加应急响应的人员提供必需的个体防护和集体防护装备；为普通民众准备必需的个人防护装具，通过建立一定规模的集体防护设施，为公众提供必要的防护处所。核应急个人防护装备以防放射性物质、防热、阻燃等为基础，防护装备趋于更加轻便、坚韧耐用，观察视野更大，呼吸阻力更小，具体操作更加便利。美国研制了一系列能够满足在重度、中度等不同污染条件下的防护服，能够在不同复杂地形地貌以及极端恶劣天气情况下开展应急处置行动，例如，3M 系列防护服、DEMRON 辐射防护服、杜邦全封闭式防护服、开普勒系列防护服装等。这些产品采用新型三层超细纤维和纺粘无纺布技术，由聚氨酯高分子多层隔离膜与耐久性材料复合而成，配备阻燃、防化、耐电压、抗刺防烫等功能；防护性能和轻便透气的穿着感觉，尤其适合湿热环境；重量轻，携带行动十分方便。对于 α、β、γ、X 等射线具有较好的屏蔽与防护能力，能够同时防护放射性气溶胶颗粒和其他有毒和腐蚀气体、液体和固体物质。美军开发的“地面士兵系统”中，佩戴在战士身上的单兵监视器，具有监视生理指标、定位接收和无线收发功能，可进入全球卫星定位系统和军用高级无线电话系统，以监测寻找伤员位置、遥测伤员的生命体征。俄罗斯研发的 RZK 辐射防护服，可防止放射性气体和气溶胶通过呼吸道和消化道释放，防止放射性尘埃落在人体皮肤和黏膜上，减少贯穿辐射对身体的影响。

第 7 章　核应急专业力量

国内外各种灾害应急响应的经验表明，平时重视应急力量的建设，在出现灾难事故时才能依靠专业力量和技术装备，规范、高效地展开救援行动。专业的应急救援力量，在救援中往往能发挥突击作用和拳头作用。这些力量虽然人数少，但由于装备精良、技术过硬，兼有针对性的训练，救援效果往往大大高于一般性队伍。应急救援力量的建设，首要体现在应急救援队伍的建立，建立各种专业能力强、灵活机动、装备精良的核应急专业力量是十分重要的。国际原子能机构十分重视应急救援分队的建设，在其应急准备和响应系列文件中，详细描述了在核或辐射应急响应过程中需要建立的应急救援分队的名称、专业技能、人员配置、需配备的装备以及对其的验收准则。根据应急响应活动的不同，国际原子能机构推荐建立的应急响应分队包括航测分队、辐射监测分队、核素识别分队、放射源恢复分队、评价和咨询分队、医学支持分队、生物检验分队、放射毒理分队、生物剂量分队、应急取样分队、放射性去污分队和场内巡测分队等。

日本福岛核事故的发生，在给日本国家和人民带来巨大灾难和严重经济损失的同时，也使全球范围的核能发展受到严重的负面影响。在福岛核事故以后，各国及时消化吸收了福岛核事故应急救援中出现的诸如应急指挥混乱、场外应急队伍能力不足、响应速度慢、技术能力不足、救援设备无法快速投入使用等问题，迅速制定了国家层面的针对复杂重特大核事故的强化措施，从人员、队伍、装备、机制等各个方面来共同加强和提升作为核安全纵深防御最后一道防线的核应急准备与响应能力。为了有效应对一旦发生的核事故，我国政府坚持积极兼容、资源整合、专业配套、军民融合的思路，建设并保持与核能事业安全高效发展相适应的国家核应急能力，形成有效应对核事故的国家核应急能力体系。国家建立全国统一的核应急能力体系，部署军队和地方两个工作系统，区分国家级、省级、核设施营运单位级三个能力层次，推进核应急领域的各种力量建设。

7.1　世界主要核能发达国家核应急力量

7.1.1　美国

美国政府对核事故应急工作始终高度重视，从 20 世纪 50 年代开始，即着手建立核应急救援力量，目前其救援能力已基本能够满足核电站、核武器、军工核设施及核活动核事故应急救援的需求。“9・11”恐怖事件后，美国根据其 2002 年通过的《国土安全法案》，组建了核事件响应队伍。该队伍主要由美国能源部和美国国家环境保护署的相关核应急和放射应急力量构成。能源部的相关应急力量大约有 900 人，其中 70 人为全职人员，其余人员在应急需要时从能源部相关单位抽调；环境保护署的相关应急力量大约有 45 人，分布在环境保护署的两个国家辐射实验室，其他支持人员分布在环境保护署总部和 10 个地区办公室。核事件响应队伍主要由航空测量小组、核武器事故响应小组、国家大气释放咨询中心、联邦放射监测与评价中心、放射援助小组、辐射应急援助中心/培训场和核应急支持队组成。其中，航空测量小组为核应急响应提供基于直升机和固定翼飞机的放射性探测设备，并提供事故现场周围大范围内的搜救能力和辐射绘图能力。核武器事故响应小组主要为核武器事故提供技术指导和响应。该小组常年处于待命状态，一旦接到通知，即可被迅速派遣至核武器事故现场。核武器事故响应小组由科学家、技术专家、危机管理人员组成，并配备相关设备，其支持单位包括劳伦斯・利弗莫尔国家实验室、洛斯・阿拉莫斯国家实验室、桑迪亚国家实验室、遥感实验室和潘太克斯核工厂。核武器事故响应小组的主要任务及响应流程：初始响应阶段，由一个包括 6 人的小组向美国军方爆炸物处理主管部门提供技术建议，以确定武器损伤并执行初步风险评估；回收操作阶段，由一个包括 38 人的小组进行 12 h 的回收操作，以安全收回受损核武器；后续响应阶段，由一个包括 34 人的小组，进行延长至 24 h 的回收操作、包装，并安排与受损核武器处置相关的运输。国家大气释放咨询中心使用世界范围内的天气资料和地理信息，为核事故释放的放射性物质的大气输运提供近实时的预测，可提供每周 7 d、每天 24 h 不间断的技术支持。联邦放射监测与评价中心由美国能源部、环境保护局、国防部、卫生与公众服务部、联邦调查局和其他联邦机构的代表组成，负责在核应急期间，协调所有的联邦环境监测和评价工作，并为各州和地方机构提供地理信息系统、通信技术和管理支撑。放射援助小组针对涉及放射应急的事件，为联邦、州和地方政府提供初始响应能力，包括搜查放射性材料、初始响应、为公共安全提供建议，辐射环境的初始评价、地区监控、污染控制和去污，以及放射性材料的回收等。该队伍由来自美国能源部和能源部合同商经过培训的职员组成，除总部外，在美国的八大地区每个均至少配置 3 支队伍，每支队伍包括 1 位领队、1 位队长、1 位资深科学家和 5 位保健物理检查支持人员，以及公共信息官员、工业卫生人员、交通专家、后勤支持人员等其他必需的人员。队伍通过专用响应车辆、包机或商用飞机进行部署，能够针对具体的事故情况定制响应内容。辐射应急援助中心/培训场的主要职责包括：为受到辐射影响人员的健康问题提供 24 h 咨询；向联邦、州、地方政府以及国际原子能机构、外国政府和私人医生提供援助；为医护专业人员提供培训计划；维护“辐射事故记录系统”和管理细胞遗传学生物剂量实验室；为辐射应急响应派出包含医生、保健物理学人员和护理人员的 3 人医疗队伍等。核应急支持队主要包括核/放射性咨询分队、联合技术运行分队、林肯金牌增援队和搜查响应分队。核/放射性咨询分队直接支持国内应急响应队伍，并提供有限的搜查和侦察能力。联合技术运行分队负责为核装置的安全和移动提供技术建议。林肯金牌增援队负责向美国军方特种任务单位提供核方面的技术建议；搜查响应分队负责为丢失或被盗的核装置、武器或材料提供专门的搜查能力。

美国军方组建的化生放核响应力量，也可为核事故应急提供救援。其中，联邦化生放核应急响应力量有两类。一是化生放核防护响应部队，为旅级规模，由现役和预备役人员混编而成，负责超出州级响应能力的事件的响应行动，提供广泛的救生、后勤、维持以指挥指挥能力。化生放核防护响应部队共 5 200 人，其中第一支力量 2 000 人，响应时间为 24 h；第二支力量 3 200 人，响应时间为 48 h，其主要任务为化生放核评估、搜索与营救、洗消、应急医学、安全，后勤保障、指挥控制。二是化生放核响应指挥控制部队，负责为大规模的后续部队（包括专业和通用任务部队）提供指挥控制服务。在灾难性事件的应急响应期间，化生放核应急指挥控制分队既可辅助化生放核防护响应完成其任务，也可独立部署和使用（其建制内也编有担负救生任务的分队）。化生放核响应指挥控制部队有 A、B 两支，每支 1 500 人，响应时间为 96 h。州属化生放核应急响应力量由国民警卫队组成，分为三种类型。一是大规模杀伤武器民事支援队。为了应对国内大规模杀伤性武器，根据美国法典第 10 章第 12 310 款，美国于 1998 年组建了 10 支大规模杀伤武器民事支援队，截至 2012 年共组建 57 支，遍及美国 54 个州和领地。目前，除加利福尼亚州、纽约州和佛罗里达州各 2 支民事支援队外，其他 50 个州和 1 个特区（即华盛顿哥伦比亚特区）各 1 支民事支援队。大规模杀伤性民事支援队具备的能力是在国内发生大规模杀伤性武器事件时支援地方政府，这些事件包括使用与威胁使用大规模杀伤性武器、恐怖袭击或威胁恐怖袭击、故意或无意释放化生放核有毒物质、自然或人为灾害导致或可能导致灾难性人员或财产损失。通过识别危害、评估当前和预期的后果，提出响应措施建议，为合适的请求提供另外的支援。民事支援队的主要任务：探测化生放核或其他毒物的位置，建立烟羽模型，对受影响地区进行初步评估；收集化生放核样品，对化生放核样品进行确认分析，向联邦当局转移样品；使用经过验证的采样协议或直接程序，支援公共卫生和公共安全采样；

提供互操作通信，提供从现场到固定实验室的技术支持，提出事故响应和通用作战图，协助事故司令部。二是化生放核爆加强响应部队。化生放核爆加强响应部队共 17 支，由州长指挥控制，通过每个州副官长验证。化生放核事件发生后，响应时间为 6～12 h，主要通过地面机动，也可进行空中机动。化生放核爆加强响应部队的任命任务是协助当地、州和联邦机构，为辖区提供伤员洗消、医学分类和稳定，事故搜索和营救等支援。三是国土响应部队。国土响应部队共 10 支，由州长指挥控制，可进行有毒有害物质报警或战役检验。国土响应部队的使命：根据命令进行部署和指挥控制、开展伤员援助、搜索和营救、洗消、医学分类、挽救生命和减轻人员痛苦；转换到当地政府并重新部署。响应时间为 6～12 h。

7.1.2 法国

为了保障核工业的安全发展，法国十分重视核应急力量和队伍的建设。

法国电力公司是法国唯一的核电运营机构，因此法国的核应急专业力量主要在法国电力公司。法国电力公司的核应急力量共 7 000 余人。其中，总部有 240 人，每个核电站平均 350 人，另有一个事故机器人干预队 20～45 人。总部的 240 人分为 6 个平均为 40 人的待命小组，分布在 4 个应急中心，其中，10 人负责应急管理协调，12 人负责应急技术支持，4 人提供工程技术支持，12 人是来自阿海珐公司的技术支持。核电站有 350 人，分为 5 个平均为 70 人的 24 h 待命应急小组，其中，管理人员 10 人，技术评估人员 6 人，环境监测人员 10 人，干预人员 28～58 人（包含管理人员 8 人，辐射防护和预防、电工、机械工及风险评估人员 20～50 人）。事故机器人干预队是法国电力公司、法国原子能和替代能源委员会、阿海珐公司根据核电站运行及切尔诺贝利核事故经验反馈，合资建设的国家级应急救援力量，位于希农核电厂附近，建于 1988 年，主要用机器人介入核事故救援。该干预队有 20 名正式职工，以及 25 名来自各成员单位的员工。干预队由 3 个技术部门组成，分别是负责设备维护的技术部，操控机器人、去污车及辐射测量设备的运行部，以及负责通信、能源补给的协作部。

福岛核事故发生后，法国核安全管理局要求核电运营机构在应急管理领域必须汲取福岛核事故的教训。根据对福岛核事故的分析，法国电力公司决定加强其国家级应急组织，特别是采用国家手段向面临困难的核电厂提供快速救援。2011 年 4 月，法国电力公司首席执行官宣布将建设核快速响应队伍，通过将 EDF 的资源部署到现场，加强整个国家和地方的应急组织。核快速响应队伍的建设目标是在重大核事故发生后，能够在 24 h 内恢复电力和供水，并在发生事故的场址内的运行、维护和后勤服务区域进行干预，包括限制事故情况的恶化、封闭液体或固体废物及采取避免堆芯熔化的其他可能措施。除上述干预职能外，核快速响应队伍还将评估现场情况，确定后援基地的位置，并在 3～4 d 内提供和部署防护、干预、监控、后勤管理等大规模资源。如需长期应急，还将对供水、流体处理等后续的干预进行准备。2014 年 3 月，随着最后一个地区核快速响应中心的建成，法国电力公司宣布核快速响应队伍建设完毕。核快速响应队伍完整地包含在法国电力公司的核事故应急组织中，可分为总部和区域两个层面，包括支援队伍和物资储备中心。由 1 个国家级快速救援队总部、1 个国家级设备基地和 4 个区域性快速救援队基地组成。总部在巴黎法国电力公司总部内，4 个区域快速救援队分布在西沃核电厂、帕吕埃尔核电厂、当皮埃尔核电厂和比热伊核电厂。在应急状态下，快速救援队可以在 24 h 内响应任意一个核电厂，核电厂和快速救援队将共同确保核电厂在 72 h 内自主救援，并在 72 h 后维持在安全状态。快速救援队总部和 4 个区域快速救援队的救援人员共计 310 名。其主要部门机构如下：

一是快速救援队总部，管理整个快速救援队组织，包括方法、能力、人力资源、采购等各方面共 30 人的调查队伍，分为每队 6 人的 5 支待命队伍（含指挥），每 5 周轮流值班，可全面实施干预。二是国家储备中心，储存大型应急设备，可提供事故 72 h 后使用的长期设备供全国范围内调用，并在集团内部互相共享。三是4个快速救援队区域中心，分别位于上述4个核电厂附近/厂内，包含了相应的人员和区域设备基地，每个中心70人，含14人的5支待命救援队伍，每5周值班，主要为1名经理+6名运行人员+5名维修人员+2名后勤人员。在事故情况下，区域中心派出一支队伍，可支援两台机组。各区域快速救援队基地的工作人员大约有一半人员来自所在地的核电厂，他们一年中大约有一半时间在各自核电厂工作，一半时间在快速救援队基地接受培训、训练、演练和定期运行维护仪器设备。

7.1.3 日本

随着JCO临界事故、福岛核事故的发生，日本不断加强核应急力量建设。

隶属日本原子能机构的原子力紧急时援助及研修中心共有约60名员工，年预算约20亿日元。原子力紧急时援助及研修中心作为重要的国家核应急技术支持单位，主要的职能任务是在事故状态下向日本首相官邸的原子力对策本部和场外核应急中心提供技术支持、派遣专家，为现场响应行动提供特殊车辆和器材，参与事故状态下的公众沟通活动，提供现场航空监测，为应急工作人员提供去污洗消车等。原子力紧急时援助及研修中心还负责应对乏燃料运输事故和核安保事件。为做好专家技术支持工作，原子力紧急时援助及研修中心从日本原子能机构的众多下属研究所中筛选120名辐射监测、后果评价、辐射防护、辐射管理、安全评价、反应堆工程等专业领域的专家，组成专家组，并建立了非常完善的专家管理系统。

文部科学省于1980年成立的原子力安全技术中心，为受内阁府管理的公益财团法人。原子力安全技术中心现有115名工作人员，年预算为15亿日元。主要业务包括核应急技术支持、同位素相关设施设备检查、核安全对策研究等。原子力安全技术中心从1986年开始开展核应急业务，主要负责运行 SPEEDI 系统。在事故状态下向各级场外核应急指挥部和技术支持单位派遣 SPEEDI 系统操作人员，数量为 20 人。

福岛核事故发生后，由于日本国家层面应急准备不足，组织指挥混乱，缺乏专业核电消防队伍，只有东京、横滨等地消防局派出消防人员参与支援，并且缺乏必要的应急救援和辐射防护装备，延误了救援的时机，影响了救援效果。在 2011 年 6 月的理事长会议上，日本表示将引进应急供应和设备集中控制的系统，并成立救援队伍，在严酷环境条件下提供应急支援。2012 年 7 月 20 日，日本电力公司联盟主席宣布，日本电力公司联盟将组建一个新的核应急支持机构。该机构主要包括以下职能：通过配置必需的设备和人员，在核电厂出现应急状况后，能立刻提供多种先进的应急响应手段，以支持有关电力公司；通过与有关组织合作，维护和管理设备与材料（包括机器人），以获得持续的改进和提高；有组织地培训相关操作人员等。

7.1.4　德国

德国 KHG 公司作为德国唯一的专业核应急公司，负责为德国所有核电厂提供应急救援技术支持，并具备了辐射防护与监测、遥控操作、去污洗消和后勤保障的综合应急救援力量。

德国 KHG 公司原隶属卡尔斯鲁厄研究中心，为加强德国的核应急救援力量，专门组建了 KHG 公司。KHG 公司独立运行，并和联邦政府、州政府、核电厂建立数据通信和联络接口，同时也依托研究中心的科研力量。

德国把所有的核应急救援力量集中在 KHG 公司，便于集中管理、资源优化配置和合理调度。KHG 公司的人员配备采用专职和兼职结合的方式，在总部保持 20 多人的固定队伍，开展日常的机构管理、设备维护和应急演练等，另外有 40 多人分配在核电厂内部，在应急情况下，可作为 KHG 救援力量的一部分。

KHG 的辐射防护组配备的应急救援设备主要包括应急监测车、移动实验室和内照射监测车；遥控操作组配备多种型号的遥控操作装置，包括小型的室内探查装置和低空飞行探查装置，重污染区域的中型遥控操作装置，以及推土机、挖掘机等大型遥控作业设备；去污洗消组配备移动去污系统、人员洗消系统、移动过滤系统、去污帐篷等；设备保障组配备 20 多台小型发电机、3 台大型发电车。

7.2 我国核应急力量

7.2.1 国家核应急力量

福岛核事故的发生，使我国政府进一步意识到建设国家级核应急力量的极端重要性。经过多年努力，我国形成了规模适度、功能衔接、布局合理的核应急救援专业力量体系。适应核电站建设布局需要，按照区域部署、模块设置、专业配套原则，我国组建了 1 支国家核应急救援队和 25 支国家级专业救援分队，承担核事故应急处置各类专业救援任务，建设了辐射监测、辐射防护、航空监测、医学救援、海洋辐射监测、气象监测预报、辅助决策、响应行动 8 类国家级核应急专业技术支持中心以及 3 个国家级核应急培训基地，基本形成专业齐全、功能完备、支撑有效的核应急技术支持和培训体系。

7.2.1.1 国家核应急救援队

（1）国家核应急救援队定位

国家核应急救援队是在国家核事故应急体制框架下，充分借鉴国际核应急救援队建设经验，依托现有核应急力量，本着“军民结合、平战结合，统筹规划、突出重点，模块组合、功能互补，集中使用、统一指挥”的原则建设的，是国家统一领导下的一支核应急专业突击力量，是国家核应急救援体系内的最后一道防线。

国家核应急救援队将重点承担复杂条件下，核电厂重特大核事故的抢险救援和紧急处置任务，以支援核电厂有效遏制缓解事故、封控污染源头、减轻危害后果及场内人员搜救为主要目标，为核电厂营运单位和涉核集团公司的救援力量提供强有力的支援；同时兼顾承担军地其他核设施、核装备发生重特大核事故及核恐怖袭击事件的应急处置和救援任务，并可参与国际核应急救援行动。这支队伍将重点加强突击抢险队伍的能力和装备建设，并为有效开展行动配备相应的指挥协调与现场技术支持、去污洗消、应急监测和辐射防护、医学救援等力量。

（2）国家核应急救援队人员编成及装备配备情况

国家核应急救援队规模约 320 人，分为指挥协调与现场技术支持分队、突击抢险一队、突击抢险二队、应急监测与辐射防护分队、去污洗消分队和医学救援分队。各分队分工明确、专业性强、技术水平高。国家核应急救援队的具体人员编组和各分队的主要装备配置见表 7-1。

表 7-1　国家核应急救援队力量编组及主要装备配置情况

专业力量	主要装备配置情况
指挥协调与现场技术支持分队	现场指挥方舱 动中通指挥车 卫星地面接收系统 单兵防护及通信装备 远距离无线电子剂量监测与管理系统
突击抢险一队	重度污染区轻型机器人 重度污染区安全抵近作业车 源头封堵作业机 地面污染压制车 核事故现场生命探测车 核事故应急救援现场多功能作业车

续表

专业力量	主要装备配置情况
突击抢险二队	指挥方舱 通信车 多功能重型防辐射机器人车 远程遥控轻型防辐射机器人车 抢险救援车 辐射防护装备 通信设备 远程观测测量系统 三维摄像扫描成形系统
应急监测与辐射防护分队	重度污染抵近侦测机器人车 核事故应急现场辐射侦测车 车辆人员放射性污染快速检测装备 远距离无线电子剂量监测与管理系统 辐射防护装备
去污洗消分队	人员快速高效洗消去污车 车辆装备快速高效洗消去污车 放射性固体废物压缩封装车 移动式放射性废水处理设备 膜体回收车 放射性固体废物回收车
医学救援分队	核损伤医学洗消平台 核损伤应急监测平台 核损伤复合伤救治平台 核损伤留观后送平台

（3）国家核应急救援队各分队的任务职能

①指挥协调与现场技术支持力量

在执行核电厂事故救援的任务时，国家核应急救援队指挥协调与现场技术支持力量主要任务包括 a. 成立现场指挥所；b. 协调与事故现场其他应急救援力量之间的接口；c. 展开现场环境应急侦测工作；d. 判断事故原因和反应堆损伤程度并判断可能造成的环境辐射后果；e. 汇总各方意见后拟订现场救援方案；f. 指挥各专业力量展开行动；g. 与各分队及时沟通，处理并及时向国家核应急指挥中心反馈事故现场情况。

②突击抢险分队

在执行核电厂事故救援的任务时，国家核应急救援队突击抢险分队承担的任务包括 a. 对核事故现场厂区内受困人员的搜救、生命维持与后送；b. 重度污染区的道路抢修；c. 对影响作业的障碍物进行破拆、清理以及转运；d. 空中以及地面进行放射性压制作业；e. 仪器设施的抢修以及临时供电设备的装配；f. 泄漏管道的封堵、维修以及更换；g. 核废料转移，在执行核军用装备的事故处理时还应承担武器的回收工作。

③应急监测与辐射防护分队

在执行核电厂事故救援的任务时，国家核应急救援队应急监测与辐射防护分队的任务职能包括 a. 对事故现场的辐射水平进行全方位的应急辐射监测并进行采样化验；b. 为现场指挥提供有效数据；c. 编制救援行动的辐射防护方案；d. 根据辐射剂量率数据对事故现场进行辐射防护分区；e. 对参与救援的人员进行辐射剂量管理；f. 对救援队员进行防护指导；g. 为医学救援分队提供支持。

④去污洗消分队

在执行核电厂事故救援的任务时，国家核应急救援队去污洗消分队的任务职能包括 a. 对事故救援现场进行去污洗消；b. 对受到沾染的救援队员进行去污洗消并在必要时支援医学救援分队的医学洗消；c. 对受到沾染的车辆装备进行放射性消除；d. 对放射性废液进行吸附回收；e. 对放射性固体废物进行处理。

⑤医学救援分队

在执行核电厂事故救援的任务时，国家核应急救援队医学救援分队的任务职能包括 a. 承担救援队员核损伤、内外科损伤以及复合伤的现场急救和留观后送；b. 对受染的队员进行医学洗消；c. 对洗消完毕及未受到沾染的人员进行快速放射性沾染检测；d. 必要时为救援队员提供心理疏导；e. 建立队员个人剂量档案，并对患病队员进行临床救治。

（4）国家核应急救援队的特点

①救援力量模块化明显

国家核应急救援队在执行任务的过程中，共有5个模块化的力量，不同的模块在执行任务的过程中所赋予任务职能和所发挥的作用完全不同。通过力量的模块化编程，使其具有独特的优势。

国家核应急救援队所执行的任务均为突发性的，核电厂核事故、核军工事故和核恐怖袭击等，发生前都不会有任何征兆，处置得不及时就意味着情况会恶化得难以控制。力量模块化的国家核应急救援队在接到执行此类任务的命令后，可迅速向现场机动，到达现场后不必根据现场的情况进行任务区分，指挥员可根据现场情况和各分队的专业直接向各组下达任务，极大地提高了指挥效率，减少指挥员的指挥压力，这一特点在执行突发的和紧急的应急任务时尤为重要。

国家核应急救援队所执行的任务具有时间紧迫、难度极高、环境极险和专业性极强等特点，所以在执行此类任务时就需要一支组成丰富、专业性强的救援力量。力量模块化的国家核应急救援队极大地满足了此类任务的需求。例如，国家核应急救援队中的去污洗消分队，在执行核电厂事故、核军工事故和核恐怖袭击等救援任务时，其主要任务是为事故救援作业现场进行去污洗消、污染压制，为救援队员及装备进行去污洗消。而此类任务必须由一支专业的去污洗消分队来完成，专业性不够强或是技术水平和能力不足，则难以达到此类任务的要求。救援队中的其他专业力量也具有相似的道理。所以模块化建设的国家核应急救援队可以执行专业性要求特别高的救援任务。

鉴于国家核应急救援队的模块化特点，可在平时训练过程中，针对不同的专业力量，进行不同专业理论和专业技能的训练，使各力量组具有更高的专业水平。针对性的训练还可以极大地提高训练效率，避免对所有队员所学习和掌握的技能一概而论，使技能掌握得更扎实，还可以减少训练资源的浪费，使得人尽其才，物尽其用。

②更注重实施场内救援

相较于其他国家级核应急专业力量，国家核应急救援队最大的不同就是其担负事故电厂场内救援任务，这也是国家核应急救援队建设的初衷和基点。

由于国家核应急救援队在参与救援时，各力量的配置地域以及任务地域主要处于事故电厂内部，致使队员所处的环境更加危险。首先，事故核电机组处于故障或者瘫痪的状态，电厂已经失去了对其进行控制的能力，反应堆处于一个随时都会发生意外情况或者超出我们想象情况的状态，这就对国家核应急救援队的队员构成了极大的安全隐患。其次，所有参与救援的队员均处于一个放射性较高的环境，无论是外部照射还是由于防护不当使放射性物质进入人体而造成的内照射，都会对队员产生无法预料的随机效应或者照射剂量过大而直接造成确定性效应。

国家核应急救援队需要负责电厂内部的突击抢险，完成核岛内部的设备及系统的抢修任务，作业难度相对于场外救援更大，作业的技术要求更高，为了避免扩大事态或者人为增加救援难度，所有的操作都要求万无一失。这就对国家核应急救援队队员的素质提出了较高的要求，队员不但要具有敢于牺牲奉献的精神，还要具有极强的专业素养和心理素质，不然很难完成这些艰巨的使命任务。

③突击抢险分队是核心

从国家核应急救援队的人员编成来看，指挥协调与现场技术支持分队约占整个救援力量的 6.25%，去污洗消分队约占整个救援力量的 9.40%，应急监测与辐射防护分队约占整个救援力量的 7.80%，医学救援分队约占整个救援力量的 6.25%，而突击抢险分队约占整个救援力量的 70.30%。突击抢险分队在所有分队中人员比重最大，可见国家核应急救援队主要任务就是完成复杂情况下重特大核事故的突击抢险任务，能够在最短的时间里将事态的影响控制到最低，最大限度地保护国家和人民的利益。

2 支突击抢险分队分别依托军队和军工企业组建，属于军事化或半军事化管理，使这支核应急救援队伍具有其他核应急救援力量所不具有的特殊属性，在执行极其危险的救援任务时，能够服从命令，不惧牺牲，冲在最前沿，将成为一支在国家统一领导下的指挥高效、配合有序、队伍精干、技术过硬、装备精良、反应迅速、处置果断的抢险突击队伍，具备担负复杂条件下重特大核事故突击抢险和紧急处置任务的能力。

7.2.1.2 国家级专业救援分队

国家组建的 25 支专业救援分队的职能任务如下：

（1）国家核应急救援辐射监测现场技术支持分队（1 支）

主要承担现场辐射监测资料的收集与处理，开展现场应急监测，提供核应急辐射监测技术咨询及行动建议等任务。

（2）国家核应急救援辐射防护现场技术支持分队（1 支）

主要承担现场辐射防护相关信息收集与处理，提供核应急辐射防护技术咨询，现场防护装备及防护措施可靠性、有效性检验，协助指导现场辐射防护力量使用等相关现场技术支持等任务。

（3）国家核应急救援航空辐射监测分队（1 支）

主要承担实施大面积快速监测，跟踪放射性烟羽扩散，实时快速分析与核素识别、结果显示与报告监测结果等任务。必要时，与国家核应急航空辐射监测与侦察分队（空军）任务对接，功能互补，共同完成核应急航空辐射监测任务。

（4）国家核应急救援航空辐射监测与侦察分队（1 支）

主要承担国家核应急航空救援空中辐射监测、侦察和空中装备支援等任务，通过现役装备信息化改造、空中搭载平台加改装、信息传输系统建设、核应急航空救援模拟训练等研发和训练活动，实现迅速搭载快速出动、核事故应急救援监测、信息实时共享融合的目标，与国家核应急航空辐射监测分队任务对接互补，共同完成核应急航空辐射监测与侦察等任务。

（5）国家核应急救援去污洗消分队（1 支）

主要承担核事故现场去除或降低人员、设备、场所、局部环境的放射性污染等任务。

（6）国家核应急医学救援分队（13 支）

重点承担快速、就近支援所在区域（指驻地所在省及周边省份）核应急现场医学救援任务，具体承担指导并协助一线救援力量现场医学救治、伤员转运、个人受照剂量监测、受照人员的心理评估和干预等任务；根据需要担负跨区支援任务。

（7）国家核应急救援海洋辐射监测南海分队、东海分队、北海分队（3 支）

分别承担管辖海域核应急救援海洋辐射监测与评估，以及为现场采取海洋环境保障措施及海上公众救援行动提供相关技术支持等任务。

（8）国家核应急救援西南地区工程抢险分队（1 支）

主要承担西南地区极端自然灾害及衍生灾害条件下的军工核设施外围工程抢险任务，兼顾其他核设施核应急工程抢险任务；在紧急状态下，为其他区域提供相应支援。

（9）国家核应急西南救援辐射监测和防护技术支持分队（1 支）

主要承担相关核设施核应急辐射监测、辐射防护现场技术支持和快速机动监测、分析、防护等任务。

（10）国家核应急救援海上去污洗消分队（1 支）

主要承担对事故海域空中和海面环境、人员及设施设备污染情况的侦察监测，对事故海域的水质及人员用水进行取样化验并确定物质种类，对受污染的设施设备、人员进行洗消，并执行海上搜救等任务。

（11）国家核应急救援重度辐射污染区处置分队（1 支）

主要承担对重度辐射污染区实施快速监（检）测，标定重度辐射污染区范围，确定人员、装备、环境污染等级和放射性污染源头；对重度辐射污染区源头控制和现场人员装备进行洗消；对放射性废物进行快速回收处置等任务。

7.2.1.3 国家级核应急专业技术支持中心

8 支国家级核应急专业技术支持中心的职能任务如下：

（1）国家核应急辐射监测技术支持中心

主要承担国家核应急辐射监测相关技术研究和技术支撑任务，为全国核设施和核活动事故、反核与辐射恐怖、反核走私等的核应急准备与响应提供技术支持，为现场救援队伍提供机动、快速、准确的辐射监测远程或现场技术支持。

（2）国家核应急辐射防护技术支持中心

主要承担国家核应急辐射防护相关技术研究和技术支撑任务，为全国核设施和核活动事故、反核与辐射恐怖等的核应急准备与响应提供技术支持，包括核事故源项估算和后果评价、防护行动技术支撑、去污洗消等，并为现场救援队伍提供辐射防护远程或现场技术支持。

（3）国家核应急航空监测技术支持中心

主要承担国家核应急航空辐射监测技术支持任务、核事故应急与反核恐航空监测保障任务。在发生核事故或核恐怖袭击事态下，实施快速核应急航空监测、跟踪放射性烟羽等技术支持任务。

（4）国家核应急医学救援技术支持中心

主要承担国家核事故医学应急准备与响应涉及医学研究与技术支持任务。包括辐射损伤救治、公众辐射防护、应急心理援助、健康风险评估等核事故医学应急相关技术储备和科学研究等。

（5）国家核应急海洋辐射监测技术支持中心

主要承担国家核应急海洋辐射监测相关研究和技术支持等任务。开展海洋放射性生态环境监测、海洋放射性生态效应及风险评估、海洋放射性相关标准规范等研究，担负核应急海洋放射性监测、核事故对海洋生态环境影响的评估、提供海洋预报服务保障等，为采取海洋环境保障措施及海上公众救援行动提供相关技术支持。

（6）国家核应急行动技术支持中心

主要承担为国家核应急决策、核事故突发事件、反核与辐射恐怖行动提供相关技术咨询、技术支撑、技术指导等任务。开展相关核应急行动基础理论研究、核应急行动技术服务保障、污染控制、去污洗消、工程抢险技术和装备研发等，为核应急救援队伍提供快速、机动的现场处置相关技术支持。

（7）国家核应急气象监测预报中心

主要承担为核事故场外后果评价、应急决策、响应行动提供气象技术支持等任务，提供应急气象资料供给保障和气象咨询等任务，包括为核应急决策提供所需的气象资料、气象条件分析、核污染扩散影响预评估等的技术支持。

（8）国家核应急辅助决策技术支持中心

主要承担为国家核事故应急协调委员会提供与应急决策相关的评价方法与技术的研发与技术支持等任务，并跟踪分析国际核应急相关工作，定期提出研究报告和工作建议；在应急状态下，为应急决策提供相关的技术支持。

7.2.1.4　国家级核应急培训基地

为适应我国核应急准备与响应行动的要求，国家结合现有资源，设立了 3 个国家级核应急培训基地。

（1）国家核应急医学救援培训基地（2 个）

分别承担对核应急医学救援人员辐射损伤救治、人员辐射监测与防护等技术培训任务；对国家核应急医学救援人员核应急现场医学救援的组织、实施、保障等内容训练及相关技术培训任务。

（2）国家核应急宣传和培训基地（1 个）

主要承担为核设施单位及各级核应急管理部门的专业技术和管理人员提供与核应急相关的宣传和培训任务。

7.2.2 省级核应急力量

我国建设核电厂的省（自治区、直辖市）均建立了核应急力量，基本满足本区域核应急准备与响应需要。各省级核应急力量一般根据应急响应工作需要，设置后果评价、辐射监测、去污洗消、医学救援、安全保卫、通信保障、交通保障、气象保障、物资能源保障、安置、公众信息交流等若干应急专业组。后果评价组主要借助核事故后果评价系统，在核事故发生时提供评价结果和公众防护行动建议，管理事故评价数据。辐射监测组主要负责核事故情况下对环境放射性水平（γ 辐射水平，地标污染水平，空气、土壤、水以及生物等环境介质中的放射性水平）进行监测，为核事故后果评价及采取相应的行动方案提供决策依据；应急监测包括陆上、海上、空中的环境辐射监测以及食物和饮用水的放射性水平监测。去污洗消组主要负责对核事故过程中收到放射性污染的人员、装备、车辆、船只、道路、地面、设施等进行放射性污染消除和放射性污染物回收处置。医学救援组在应急状态下主要负责向应急工作人员和公众发放碘片，执行隐蔽或紧急撤离防护行动时做好居民的健康和卫生管理，负责应急工作人员的辐射防护指导，参与饮用水和食物的污染监测和评价，负责核辐射受损人员的医学救治等工作。安全保卫组主要负责撤离时场外交通管制、交通秩序维护、社会治安维护、公民的生命财产安全保护等工作。通信保障组主要负责省级核应急指挥中心、前沿指挥所等相关组织和单位之间的应急通信保障工作，确保信息传递、通信联络畅通。交通保障组主要负责提供紧急撤离时所需的各种陆路、水路交通运输工具，负责交通道路、水路的保障，以及内河水域和相关海域的应急交通管制。气象保障组主要负责报告和传输相关区域气象观测资料和天气预报信息，负责提供后果评估和应急行动所需的气象数据和天气预报信息。物资能源保障组主要负责应急物资能源的紧急供应工作，物资缺乏时提出请求支援的物资能源清单，负责应急支援物资的接受与分配。安置组主要负责紧急撤离和临时避迁居民的接受与安置工作，为居民和应急响应人员发放日常生活必需品，协助当地政府做好紧急撤离和临时避迁居民的返回及安置点的善后工作。公众信息交流组负责应急响应期间居民的宣传教育工作，负责应急新闻报道。

7.2.3　核设施营运单位所属集团公司（院）核应急力量

我国的几大涉核集团（如中核集团、中广核集团、中电投集团等）都十分重视核应急力量建设，分别依托秦山核电基地、大亚湾核电基地和海阳核电站的人力资源、技术储备和先进装备等优势，组建了集团层面核事故应急支援基地。同时，为了形成应对严重核事故的整体合力，几大涉核集团间还签署了核事故应急相互救援合作协议，协议遵循就近、通用、对等、互利、可持续、信息共享、统一指挥等原则，基本可实现全国范围内核电厂核事故应急能力共建和资源共享的目标，极大地提高了跨核电集团核电厂之间相互支援行动的时效性和有效性，形成核应急资源储备和调配等支援能力，实现优势互补、相互协调。

7.2.4　核设施营运单位核应急力量

加强核应急管理，是各核设施营运单位自身发展的内在要求和需履行的社会责任。我国各核设施营运单位充分发挥专业特长和技术优势，均建立了专业化的核事故应急救援队伍，配备了必要的技术装备，并通过加强培训与演练，不断提高核应急处置能力。

一般而言，各核设施营运单位的核应急力量，分为公众信息组、运行控制组、技术支持组、运行支持组、安全保卫组、后勤支持组和工程协调组。公众信息组主要负责收集公众的舆论，控制流言和误传，为场外应急组织准备用于公众信息发布的材料，启动公司舆情应对领导小组并提出舆情危机应对建议方案。运行控制组主要负责发布初始应急通知和事故报警信号，对应急状态进行初步评价，向应急指挥部提出应急等级建议，执行应急运行规程、控制并维持机组在安全状态，执行经过批准的严重事故缓解行动，提供有关事故性质、事故规模的资料等工作。技术支持组主要负责掌握事故机组状态，分析、评价事故，提供有关诊断事故、采取对策方面的建议和指导，获取气象参数，监测厂区外环境辐射水平，估算可能释放或已经释放的放射性物质量，并估算和评价其造成的辐射剂量后果，推荐可行的应急响应行动，提出应采取的防护行动建议。运行支持组主要负责设备与系统损伤的探查、控制和检修，以及厂房内部的工程抢险工作，负责实施现场去污。安全保卫组主要负责厂内辐射监测，提出辐射防护行动建议，控制应急照射，组织实施厂内人员的急救与去污，负责组织开展失踪人员搜寻工作及核电厂消防行动，负责组织实施应急期间的电厂实体保卫与厂区交通控制。后勤支持组主要负责提供后勤支持，确保应急所需的物资供应，负责应急人员和临时增援工作人员的食宿生活安排，负责应急通信保障，组织各集合点人员实施隐蔽、服用碘片等应急防护行动，组织人员撤离和安置，保证应急响应和应急撤离所需的交通运输车辆。工程协调组主要负责在建工程区域应急响应与处置的指挥与协调工作，负责公司层面的安全保卫等协调工作。

第 8 章　核应急能力的保持

核应急工作涉及面广、专业性强、任务量大、所需力量多、时效要求高、协同困难大。核事故事发突然，一旦发生，需要应急力量能拉得出、展得开、救得了，这就要求所有应急组织与应急力量在平时就应做好资料、计划方案、装备器材、救援训练等各方面的准备，并持续做好响应能力的保持。核应急响应能力保持是应急准备的重要组成部分，一般而言，应急响应能力的保持包括以下几个方面：一是应急设施、设备和通信安排等的维护、清点与检查；二是应急预案与相关执行程序的拟制、审评、批准、动态调整和检验等；三是核应急培训、训练和演练；四是应急装备的供应、管理、维护保养、维修等保障工作。关于应急设施设备与应急预案，本书相关章节已有论述，在此不再赘述。

8.1　核应急培训

8.1.1　培训的目的与对象

8.1.1.1　培训的目的

必要的核应急响应知识和技能的培训，是核应急准备工作中不可缺少的组成部分，是核应急能力保持的重要内容，也是执行我国核安全与核应急相关法律规章的重要环节。有效组织核事故应急培训既能够提高受训者个体的核应急响应能力水平，也能将核应急人才个体有机地组成核应急人才队伍、构成核应急人才体系和组织体系，才能使核应急工作得以有序高效开展。

核应急培训一般应达到以下一项或几项目的：一是熟悉核应急法规、规章和有关标准规范；二是了解和掌握核设施、核安全、核应急、辐射防护等基本知识；三是熟悉有关核应急组织的职责及其相互关系，以及各类人员在应急响应中的作用及相互配合关系；四是掌握完成应急响应任务所需要的知识与技能；五是掌握核应急装备、设备和器材的使用方法；六是熟悉应急响应程序及有关协同事项。

8.1.1.2 培训的对象

核应急培训的对象很广泛，综合国家核应急工作当前形势与面临任务，依据国家相关法规，核应急培训的对象主要包括五类人员：一是指挥决策人员，主要包括国家核事故应急协调委员会、国家相关部委（含军队）核与辐射事故领导小组、省级核应急委员会、省相关部门核与辐射事故领导小组以及核运营单位应急指挥部的领导；二是参谋智囊人员，主要包括国家核事故应急协调委员会专家组、国家相关部委（含军队）核应急专家组、省级核应急委员会专家组、省相关部门核应急专家组的专家和核运营单位的技术顾问；三是管理协调人员，主要包括国家、地方及核运营单位核应急办（或其他办事机构）及其联络组的工作人员；四是技术支持人员，主要指各层级核应急技术支持力量的组成人员；五是一线响应人员，主要包括国家级核应急救援队与专业分队、省级核应急专业组、核运营单位应急响应组的各专业人员。

从各类人员的职能看，指挥决策人员在核应急响应中具有确立、选择及组织实施应急预案的职能，对事件总体负责，处于各级核应急力量队伍的顶层。参谋智囊人员的主要职能是为指挥决策人员和管理协调人员出谋划策，也为技术支持人员和一线响应人员提供指导，其意见和建议对指挥决策的正确性具有至关重要的作用。管理协调人员具有两方面的职能：一是要对指挥决策人员指令的落实起督导作用；二是在不同应急组织间发挥协调和沟通作用，以保证各应急组织的合作与协同，对于决策的制定和实施，参谋智囊和管理协调人员发挥关键作用。技术支持人员是参谋智囊人员与一线响应人员间的桥梁，既为参谋智囊人员的献计献策提供必需的技术依据，也为一线响应人员的具体行动提供必要的技术支撑。一线响应人员则是在核应急现场执行响应程序中具体任务的人，他们是指挥决策人员指令的最终落实者，根据专业类别不同，一线响应人员可分为消防搜救、辐射监测、医学救援、辐射防护、去污洗消、工程抢险、后果评价、气象监测、治安保卫、隐蔽安置、公众宣传与信息发布、交通与后勤支援等人员。

8.1.2　培训内容与方法

8.1.2.1　培训的内容

核应急培训的内容包括基础内容与专业内容。

基础内容一般包括以下内容：核电厂（或放射性或其他因素潜在危险较大的某些核设施）的基本组成与工作原理，有关核安全文化的基础知识；核事故的概念、发生原因、危害特点与分级；国家有关核事故应急工作的方针政策、法规、导则和规定；国家核事故应急体系、核电厂（或放射性或其他因素潜在危险较大的某些核设施）应急组织机构的职责和任务；应急预案、应急计划区、应急状态分级、应急通知与警报；辐射防护基础知识，应急防护措施及相关的风险、困难和代价等；干预水平及影响其选择的考虑；事故分析与后果预测。凡参加应急培训的人员一般都应学习或了解基础内容。每次培训内容的广度和深度的选择，可根据培训对象的基本情况来确定。

专业内容主要涉及各应急专业组织完成应急任务中所需的基本知识与技能，应急状态下应急行动程序及应急人员的职责，以及某些应急专业装备的使用等，如指挥控制、辐射监测、去污洗消、医学救援、人员防护等各类装备的操作使用；后果评价软件的操作使用；辐射巡测、沾染检查、去污洗消等行动的组织与实施，核应急行动桌面推演等。

8.1.2.2 培训的方法

核应急培训方法应根据培训对象的实际情况而定。因人因时施教，可以有效地提高培训的效果。针对指挥决策人员的培训，可采用在线学习、讲座、会议、现场参观等方法组织；针对参谋智囊和管理协调人员的培训，可采用课堂教学、研讨交流、讲座、现场参观、在线学习等方法组织；针对技术支持人员与一线响应人员的培训，可采用在岗培训、课堂教学、研讨、实装操作、实习和练习、在线学习等方法组织。

凡在应急期间担负任务的工作人员，至少应接受一次全面的初始培训，并于以后定期接受再培训。无论是初始培训还是再培训，对需要在应急期间掌握装备、操作仪器的人员，都应采取课堂讲授与实际练习相结合的方法，以提高其实际能力。在应急期间需要共同配合完成应急任务的各应急组织，可派出受训人员在一起接受培训，他们应接受关于接口衔接方法及各自职责分工的训练。

福岛核事故以来，我国军地各级举办培训班100多期，受训人员超万人次。目前，我国核应急管理人员、专业技术人员均参加过不同级别、专业的培训。

8.1.3 培训组织与实施

8.1.3.1 培训的组织

国家核应急管理机构负责全国核应急管理人员培训，省（自治区、直辖市）核应急管理机构负责本行政区域内核应急人员培训，核设施营运单位负责本单位核应急工作人员专业技术培训，军队各军兵种、战区和任务部队负责各自应急人员的培训。

为了使培训取得预期的成效，应当做好以下几个方面的工作：

（1）制订培训计划。培训计划是控制培训进程、保证培训达到预期效果的重要文件。计划应规定明确的培训目的、重点内容、培训时限、时间安排与考核（检查）方法，确定各模块内容所占的时间比重等。

（2）教材编写。负责组织培训的部门可邀请有关专家编写培训教材，以保障完成培训任务。

（3）选择教员。要选择具有理论水平和实践经验的专家任教。根据需要，还可邀请试验人员、装备和仪器操作人员担任实际操作练习中的教练员。教员的质量是取得良好培训效果的关键，要给教员提供良好的工作条件。

（4）培训场地与工具准备。应当选择合适的培训场地，配置必要的培训工具，以便提高和加深受训者对学习内容的理解。培训工具包括参考材料目录、演示设备，教学用投影、视听设备及计算工具等。

（5）培训评价文件准备。如培训人员参加练习、实际演示、书面答题等评价结果记录表，考核评价登记卡等。

（6）记录与保管。对已参加过应急培训的所有人员的记录必须妥善保管，核电厂受训人员的记录在 5 年内可供参阅。记录应包括接受过应急培训的学员姓名、培训日期、课程计划、考勤与评价等级表（卡）等。除核电厂受训人员必须详细记录并妥善保存外，其他受训人员的简要情况也应记录在案。

（7）培训总结。每期培训工作结束后，负责部门应召集有关人员进行总结。包括对培训效果、培训组织做出评价，进一步评审培训计划，并提出改进建议。此外，要对教员的工作进行评估。

8.1.3.2　培训的实施

我国《核电厂应急计划与准备准则　场内应急响应能力的保持》（GB/T 17680.9—2003）要求承担应急任务的所有核电厂人员，至少每年接受一次与他们所担负的应急职责相适应的培训，培训应在全年内定期安排。初始培训合格人员要进行再培训。

场外应急骨干的培训一般可以 2～3 年进行一次。应当保证给在岗学习者提供必要的培训时间。按照《核电厂应急计划与准备准则 第5部分：场外应急响应能力的保持》（GB/T 17680.5—2008）的规定要求，应对场外所有应急响应人员进行与其所承担的应急任务相适宜的初始培训，并根据所制定的培训大纲的要求定期进行再培训。

8.2 核应急演习

8.2.1 核应急演习的概念和内涵

核应急演习是为检验应急预案的有效性、应急准备的完善性、应急响应能力的适应性和应急人员的协同性所进行的一种模拟应急响应的实践活动，具有专业技术性强、影响面广、社会关注度高等特点。演习还具有训练属性和功能，是核应急训练的重要形式和高级阶段。

核应急演习是锻炼和提升核应急能力的重要手段，进入21世纪以来，国家和省级核应急组织非常重视核应急演习活动，举行过3次国家级核应急联合演习和近20次省级场内外核应急联合演习。2009年11月10日举行的首次“神盾—2009”国家核应急联合演习，采取了三级联动、异地同步、军地联合的方式进行。国家核事故应急协调委员会及其专家咨询组、军队、江苏省各级核应急组织、专业队伍和部分公众、江苏核电有限公司等参加演习，演练了应急启动与报告、事故分析研判、指挥决策及辐射监测、去污洗消、医疗救助、撤离与安置等各项应急行动。2015年6月26日，我国再次举行“神盾—2015”国家级核应急联合演习。这次演习是在习近平同志提出“总体国家安全观”将核安全纳入国家安全体系、新《中华人民共和国国家安全法》出台、新版《国家核应急预案》发布的背景下举行的。国家核事故应急协调委员会全部27家成员单位、广东省各级核应急组织、中国广核集团及台山核电厂、邻近省市和部分公众，以及9个国家核应急专业技术支持中心、10 支国家核应急救援分队、军队相关应急救援力量等参加了演习。演习借鉴了福岛核事故的经验教训，既假设了系统故障，也假设了地震自然灾害和内部火灾事件的叠加，同时还设想了多机组事故。各参演单位据此制定各自的演习方案，认真开展了事故应对演练。两次演习参演规模近 6 000 人，日本、韩国、法国、巴基斯坦、国际原子能机构等派出官员、专家观摩。我国核电所属省份（如广东、浙江、江苏、辽宁、福建、广西、海南、山东）近年来均组织了省级场内外核应急联合演习。在国家核应急办的指导配合下，由省、县（市）、核电厂等各级核应急组织全面参与、联合完成。以“海核—2015”海南昌江核电厂首次装料前核事故应急联合演习为例，演习所有行动依据海南省核应急预案的要求，分别由海南省（海南省级核应急委员会由省 30 多个厅、局或相关单位组成）、儋州市、昌江县相关核应急委、专业组、行动组及昌江核电厂各自按照职责编制演习分脚本并开展演练。在假设昌江核电厂事故情景下，各级核应急组织演练了从应急待命、厂房应急、场区应急进而进入场外应急状态所相应采取的Ⅳ级、Ⅲ级、Ⅱ级、Ⅰ级响应行动。

8.2.2　核应急演习的目的

核应急演习一般包括以下目的：

8.2.2.1　检验应急预案的有效性

应急预案是各级核应急组织平时开展应急准备工作的基本依据，是应急情况下施行响应行动的方案，主要包括应急组织机构职责、应急设施设备功能、应急组织指挥、核应急专业队伍（以下简称专业队伍）行动、应急措施、技术支持、公众宣传等内容。

演习主要检验应急预案是否科学合理，是否符合实际，是否具有可操作性。重点检验应急组织是否健全，作用发挥是否明显；信息获取是否及时准确；决策指挥是否正确连续；专业队伍行动是否快速有效；技术支持是否得力；舆情应对是否及时妥当；应急设施设备功能是否完善和适应需要；应急预案是否还有需要改进的问题等。通过演习检验，牵引预案的升级和完善，为修订应急预案提供支持。

8.2.2.2 检验应急准备的充分性

应急准备通常包括组织、法规、方案、制度、设施、队伍、训练、宣教等。通过演习，检验上述各项准备工作是否展开及其完成的程度，特别是应重点检验指挥与专业人员数量和专业门类是否满足实际任务需要，是否经过相应的培训，素质能否胜任岗位；应急指挥场所、辐射监测、气象观测、去污洗消、医疗救护、撤离公众安置场所等设施、装备、器材，以及各类应急物资是否能满足应急要求；公众沟通宣传工作是否有效开展等，以便及时发现、改进应急准备包括各种技术准备工作中存在的问题。

8.2.2.3 检验应急机制的完善性

应急机制是确保顺畅实施应急准备与应急响应的重要保证，具有十分重要的作用，通常包括应急指挥、协同、保障、处置等方面的工作职责、制度、规定、要求、程序，以及相互关系。

通过应急演习检验应急机制及完善程度有不同的侧重。在应急指挥方面重点是应急信息获取与交流、分析研判、会议决策、指挥实施等；在协同方面包括上下、左右、内外、军地等；在保障方面重点是各类应急物资计划、筹集、分配、运送等；在处置方面重点是专业队伍启动、应急设施设备到位运用、现场指挥协调等。

8.2.2.4 检验专业队伍的协同性

专业队伍通常由环境监测、气象观测、医学救援、辐射防护、隐蔽和撤离安置、交通保障、通信保障和后勤保障等专业力量组成，人员来自不同单位、不同专业，各自担负的任务不尽相同。在应急时，专业队伍之间的协同至关重要，要形成整体响应能力，避免出现各自为战和相互干扰情况。

通过演习，重点检验各级各类专业队伍执行任务时的内部协同和外部协同。检验协同性的内容主要有协同的主体是否明确，协同关系是否顺畅，协同时机是否恰当，协同力量是否满足，协同任务是否合理，协同要求是否具体，协同目标是否一致等。

8.2.2.5 增强应急响应能力

应急响应能力由多种要素构成。在应急准备基础上，通过演习，在应急指挥方面，重点增强信息获取能力、技术支持能力、决策指挥能力、协调控制能力和舆情应对能力；在专业队伍方面，重点增强行动指挥能力、快速反应能力、专业处置能力、协同配合能力和安全防护能力。

8.2.2.6 查找不足并进行改进

通过演习尤其是无脚本演习，可以发现在应急组织、应急预案、应急机制、应急设施设备、应急准备、应急响应、应急保障等方面存在的问题或不足，通过反馈机制，进行针对性地改进和弥补，以提升核应急综合能力。

演习除了对参演组织的应急准备工作进行检验、对参演人员进行训练外，对核设施周围公众也能起到普及应急防护知识、提高应急防护能力的作用。同时，通过安排其他场内外核应急组织观摩演习，能够达到学习交流的目的。

8.2.3 核应急演习的类型与频次

8.2.3.1 核应急演习的类型

根据组织形式、演习内容、演习性质与实施方式的不同，演习有不同的分类方法。

按照组织形式，演习可分为国家核应急演习、省（自治区、直辖市）核应急演习以及核设施营运单位核应急演习。

按照内容，演习可分为单项演习、综合演习和联合演习。单项演习是为保持应急响应能力，对某种具体操作技能或者对应急响应的某项实施程序的运作而进行的有组织的训练，有时也称为练习。单项演习注重针对一个或几个核应急组织的特定环节和功能进行检验，有较强的专业性，包括组织指挥、应急通信、气象观测、辐射监测、交通控制、应急防护、污染检查、去污洗消、公众信息、医学救援、食物饮用水控制和消防等。综合演习是指由各级核应急机构组织所属全部或部分应急力量所进行的演习，是演习组织单位在应急职责范围和层级内对多个或全部核应急组织进行检验。联合演习是指由场外核应急组织按照统一的演习情景，组织场内外全部或大部核应急组织所进行的演习。

按照性质，演习可分为检验性演习、示范性演习和研究性演习等。

按照实施方式，演习可分为桌面演习和实战演习。桌面演习是指参演人员利用地图、电子沙盘、流程图、视频会议、信息系统等手段，针对事先假定的演习情景，讨论和推演应急决策及现场处置的演习。实战演习是指参演人员利用应急设施设备，针对事先设置的演习情景，通过实际行动，完成近似真实应急响应的演习。实战演习的特点在于“实”，具体内容体现在实案、实兵、实装、实地和实演五个方面。

8.2.3.2 核应急演习的频次

核应急演习的频次在《核应急演习管理规定》有明确规定。

国家核应急组织实施的实战演习至少 5 年安排一次，通常以联合演习或综合演习的形式进行；单项演习至少 3 年组织一次，其中，通信演习每年不得少于 1 次。

省级核应急委员会组织实施的实战演习至少 4 年安排一次，通常以综合演习或联合演习的形式进行；单项演习至少每 2 年组织一次，其中，通信演习每年不得少于 1 次。

核电厂首次装（投）料前，省级核应急委员会应组织实战演习，核设施营运单位参加。如同一核电厂址内有不同堆型机组首次装（投）料，省级核应急委员会也应组织实战演习。若同一省份拥有多个核电厂址（基地），省级核应急委员会要统筹安排，使得每个核电厂址（基地）5 年内至少组织一次实战演习或桌面演习。

核电厂营运单位组织的实战演习每 2 年应安排一次，其中，拥有 3 台以上运行机组的，演习频度应适当增加，通常以综合演习形式进行；单项演习每年至少组织一次，通信演习频度应适当增加。

拥有除核电厂外可能存在场外应急的其他核设施或涉及核活动的省级核应急委员会、营运单位及其所属集团公司（院）的演习频次，根据本行政区域或本单位实际，可参照国家核应演习和省核应急演习的频度执行。

8.2.4　核应急演习的组织与实施

8.2.4.1　核应急演习的准备

演习准备是顺利实施演习的基础，是演习获得成功的前提。在时间上，演习准备是组织与实施演习的第一个阶段，包含了演习正式开始前的全部工作。演习准备的质量至关重要，直接影响和制约着演习实施的效果和演习目的的实现，因此，必须高度重视，周密计划，严格组织，认真落实。核应急演习准备包括核应急演习组织的建立、演习方案的编制和审批，以及人员培训和演习保障等。

通常，为组织一次核应急演习，演习组织单位要成立演习领导小组，负责演习活动全过程的组织领导，审批决定演习的重大事项。演习领导小组原则上下设协调组、文档组、导调组、评估组和保障组等。协调组负责演习策划、组织协调、新闻宣传和国际联络等工作；文档组负责进行情景设计、编制演习方案、制订演习计划、编写演习总结和演习资料管理等工作；导调组负责演习实施过程中，按照批准的演习方案向参演人员传送各类控制消息，引导演习进程按照计划进行；评估组负责设计演习评估准则，对演习的准备、组织、实施等进行全过程、全方位评估，编制演习评估报告，提出改进的意见和建议；保障组负责演习的经费、物资、装备的保障，以及演习中的交通、生活、安全保卫等工作。

演习的组织者应结合有关应急计划和实施程序，组织编制周密的演习方案。演习方案是对演习的总体筹划和安排，是指导演习组织与实施的纲要性文件，是开展演习各项工作的基本依据。演习方案的内容主要包括演习名称、目的、类型、时间、地点、规模、事故情景与演习情景、组织和分工、演习实施、演习导调、演习评估、物资保障、演习安全和演习经费等。

演习事故情景设计是指针对假想事件的发展过程，设计出一系列顺序的事件情景，目的是通过引入这些事件情景，使演习人员采取相应响应行动保障演习不断深入进行，从而全面检验所确定的演习目标。演练情景设计需要以事实为依据，依据以往同类突发事件的发生过程和应对处置经验，尽量从真实性出发，进行合理设计，使演习符合核事故应急过程发展规律和事件序列发展逻辑。还需要结合实际参加演练的人员基础、装备条件、保障能力等进行设计，保证演练的实际可操作性。国家和省核应急综合演习的事故情景设计应重点模拟核设施预计可能发生的严重事故谱中某一事故及其发展序列，并适当考虑多机组事故、重特大自然灾害或两种情况叠加，以及恐怖袭击等极端外部条件的影响。

组织演习应按照国家有关规定履行方案审批或报备手续。国家核应急综合演习或联合演习方案由国家核事故应急组织编制，国家核事故应急协调委员会负责审核，报国务院同意后组织实施；国家核事故应急协调委员会成员单位制定的单项演习方案，按照本部门的规定履行审批手续后，报国家核事故应急协调委员会备案，纳入国家核应急演习计划。省级核应急委员会负责组织的核电厂首次装（投）料前、涉及影响公众和跨区域信息通报与支援、有军队参与的综合演习或联合演习方案，报国家核事故应急协调委员会审批；其他的省核应急综合演习方案和桌面演习方案，经省级核应急委员会审批后，报国家核事故应急协调委员会备案；省级核应急委员会成员单位或专业组组织的演习，经有关部门审批后，报省级核应急委员会备案；营运单位组织的综合演习，经国家核安全监管部门审批后，报国家核事故应急协调委员会和省级核应急委员会备案。

演习活动，特别是大型的演习活动，可能会吸引媒体和公众的关注，并因此给演习带来附加的挑战。例如，媒体的介入可能会影响演习的实施；媒体可能会将演习误认为发生了真实的应急；媒体对演习结果的不当宣传可能会在公众中引起不必要的混乱等。因此，在演习之前，需提前制定与媒体沟通的适宜策略，并建立有效的组织机构负责与媒体的互动工作是演习准备中很重要的一个方面。

8.2.4.2　核应急演习的实施

核应急演习的实施，是从宣布初始情况起，到演习结束的整个过程。由于演习类型、规模、情景设计、持续时间等有所不同，因此，演习实施的整个过程也不尽相同；核电厂（或放射性或其他因素潜在危险较大的某些核设施）场内、外的演习实施过程也不同，但是，核应急的演习过程大体上应该归纳如下：

（1）核应急演习前的情况介绍

演习实施前应该召开包括编写与设计脚本的人员、总体策划人员、参演单位代表及参观人员在内的情况介绍会议，由演习组织者向全体与会人员介绍以下各项内容：

①总体设想；

②情景设计，尤其是对源项设定的考虑；

③演习开始的可能时间及可能的持续时间（准确时间往往是保密的）；

④对演习地区内非参加者的安排；

⑤为了保证不把演习误认为真实事故所采取的措施；

⑥为了保持演习期间核电厂（或放射性或其他因素潜在危险较大的某些核设施）安全所采取的措施；

⑦如果在演习期间发生了真正核事故将要采取的措施；

⑧对演习地区内各部分负责人员的识别方法；

⑨对参观者、记者的安排。

（2）核应急演习总协调员与分协调员的主要活动

①总协调员及各应急小组（含各分协调员）的基本任务应该从应急计划编写的筹划阶段就要明确；

②总协调员的基本工作方法是与各分协调员保持密切联系，不断了解参演单位对演习意图、本身任务的理解程度和各种变化着的情况的判断与处理的正确性；

③总协调员一定要掌握所有参演者的实际动态，弄清派往各参演单位的分协调员的协调方法，必要时总协调员应该深入现场了解情况；

④总协调员在纠正参演者发生的重大偏差时，尽可能采取诱导法，必要时，以命令、指示、通知等形式进行直接干预，加速或延缓演习的进程；

⑤分协调员应该对参演者进行具体引导（指导），将总协调员的意图变成分协调员的具体方案，以各种不同的身份对该小组下达指示、提出报告、宣布通知、提供情况，协助该组长引导参演者充分发挥主观能动性。

（3）核应急演习的基本要求

针对核电厂核事故不同类型的应急演习，在具体实施时也有不同的要求，一定要主动灵活地执行核事故应急演习计划，绝对不能死搬硬套地实施核应急演习计划。

①在检验性核应急演习实施阶段，要重点抓好考评，检查参演者提供和执行核应急响应程序与设定的正确响应程序之间的差别，总协调员、各分协调员及考评人员对参演者的判断与调用、演习应急组织的实际动作，一般不加以干涉，只进行评判。只有当应急演习无法进行时，才做一些必要的引导。

②在探索性（研究性）核应急演习时，可采取一边探索一边实施计划，此时允许参演者在演习过程中临时退出演习而与他人进行协商，而后继续演习。但是，暂停演习必须经由总协调员（或应急组织）统一宣布，以免引起混乱。在探索性应急演习实施时，总协调员（或应急组织）应该重点启发参演单位的指挥人员深入考虑问题，并且，引导其提出对事故处理的各种对

策。一般情况下，总协调员（或应急组织）不要直接给参演者提供正确的处理方案。

③对于核应急的示范性演习，其关键在于演习准备阶段的练习（或称临演训练）工作，保证在正式演习实施中，总协调员、各分协调员、参演者等几个方面的协调一致。在演习进行中各方面都必须严格按计划行事，尤其要严格遵守时间规定。对必须使参观人员看到的动作要确保其看得清楚，需要其听到的一定要确保其听得明白。整个演习过程中的实施行动，一定要确保规范化要求，绝对不要搞形式主义。

④一定要严格按照计划行事，并尽可能地保持必要的灵活度。总协调员、各分协调员对应急演习的进程、顺序的控制，对参演者进行诱导，都要按照预先的计划进行，尽可能地维护计划的权威性，否则，有可能造成演习的暂时混乱。但是，核应急演习实施中的参演者做出的反应，总协调员、各分协调员等是无法取代的。

附录一　名词术语

[应急]防护措施（防护行动）　[emergency] protective measure (protective action)

应急状态下为避免或减少工作人员和公众所接受的剂量而采取的保护措施。

操作干预水平　operational intervention level（OIL）

是指通过仪器测量或通过实验室分析确定的并与干预水平或行动水平相当的一种计算水平，通常可表示为剂量率或所释放性物质的活度、时间积分空气浓度、地面或地表浓度，或环境、食品或水样中的放射性核素的活度浓度。操作干预水平是行动水平的一种类型，可以立即并直接（无须进一步评价）用来根据环境测量结果确定适当的防护行动。

场区　site area

包括经批准的设施、活动或源在内的地理区域，在此区域内被批准设施或活动的管理者可以直接启动应急行动。该区域通常位于周边置有安全围栏或其他指定地理标志的范围内。它也可能是围绕某个射线照相源的控制区或由最初响应人员在疑有危险的区域周围建立的警戒区。

场区应急　site [area] emergency

应急级别之一，是指辐射后果局限于场区内，场区人员行动，场外应急组织得到通知。

场外　off-site

场区以外的所有地区。

场外应急　off-site emergency

应急级别之一，是指辐射后果已超越场区边界。场内、场外人员行动，需实施总应急预案。

厂房应急　plant emergency

应急级别之一，指辐射后果仅限于工厂的部分区域。根据营运单位应急预案，厂内人员行动，场外有关应急组织得到通知。

超越边界释放　transboundary release

事故国发生的可能对其他国家产生明显辐射影响的放射性物质释放，是“有超越国界影响的放射性物质释放”的简称。

撤离　evacuation

应急防护措施之一，指为避免或减少来自烟羽或高水平沉积放射性产生的不必要的高剂量照射而实施的人们从受影响区的紧急迁移。该措施为短期措施，预期人们在预计的某一有限时间内可返回原地区。

撤离计划区　evacuation planning zone

在烟羽应急计划区内制订有撤离公众计划的区域，烟羽应急计划区内区应做好预防性撤离的准备。

撤离时间　evacuation time

从决定撤离到待撤离人员撤出受影响的或预期可能受影响的区域所需的估计时间。

出入通道控制　control of access and egress

应急防护措施之一，指对进出受事故影响地区的人员、车辆、设备及物资等加以控制。

地区封锁　interdiction of an area

该区域的土地或财产在一定时间内全部或部分限制使用。从某种意义上来说是出入通道控制的一种方式。

[应急]对策　[emergency] countermeasure

为减轻事故时放射性物质向环境释放的后果而采取的对策，主要目的是减少环境污染和剂量水平。

放射性污染的固定　stabilization of radioactive contamination

把放射性污染物以某种方式固定下来，使其不再危害环境。例如，将放射性核素并入不溶解的化合物，也可用一层干净的材料（如混凝土、土壤或薄膜喷涂物）将其覆盖，或通过深耕将污染物从土壤上层翻至下层。

限制区　restricted area

为了减少因事故引起的地面沉积污染对公众造成的剂量，当局必须采取出入控制、地区封锁或进行清除的区域。

非限制区　unrestricted area

在限制区外的一个区域，该区域不需要撤离，或为安全起见仅做短时间撤离，但是即使在事故后期，食物和水源的控制以及使用贮存饲料喂养家畜等防护措施还是需要的。

应急干预　emergency intervention

任何旨在减少或避免核事故所致照射或照射可能性的行动。

干预的正当性　justification of intervention

拟议中的干预应当是利大于弊，即由于降低剂量而减少的危害，应当足以说明干预本身带来的危害及代价（包括社会代价在内）是值得的。

干预的最优化　optimization of intervention

干预的形式、规模及持续时间应当谋求最优化，使得降低剂量而获得的净利益即降低辐射危害而得到的利益扣除干预带来的危害后为最大值。

干预水平　intervention level（IL）

针对应急照射情况或持续照射情况所制定的可防止的剂量水平，当达到这种水平时应考虑采取相应的防护行动或补救行动。在某些欧洲国家（如英国、德国）用“应急参考水平”（ERL），美国用“防护行动指南值”（PAG），定义同干预水平。

干预原则　principle for intervention

在事故状态下，对公众实施干预所必须遵循的基本原则，包括干预的正当性、干预的最优化以及干预应首先着眼于避免严重的确定性效应的发生，同时也考虑限制随机性效应发生的个体危险和总发生率。

个人防护 personal protection

应急防护措施之一，指对呼吸道和体表的防护，以防止来自气载和沉积放射性物质对个人造成的体表沉积外照射和吸入内照射。

国际核与辐射事件分级表 The International Nuclear Event Scale（INES）

由国际原子能机构（IAEA）和经济合作与发展组织核能机构联合制定，并已被国际社会广泛采用的核事件分级表。该表按场外影响、场内影响及纵深防御降级，将核事件分为 7 级。其中，1～3 级为事件，4～7 级为事故，低于上述级别的为安全上无重要意义的事件，归入 0 级。制定本分级表的目的是在核领域、新闻媒介和公众间对发生的核事件级别取得共识。

国际原子能机构 International Atomic Energy Agency（IAEA）

国际原子能机构是联合国大家庭的专门组织，是核领域唯一的政府间国际组织。1954 年 12 月，第九届联合国大会通过决议，要求成立一个专门致力于和平利用原子能的国际机构。1956 年 10 月，来自世界 82 个国家的代表举行会议，通过了旨在保障监督和和平利用核能的国际原子能机构规约。1957 年 7 月，规约正式生效。同年 10 月，国际原子能机构召开首次全体会议，宣布机构正式成立，总部设在奥地利的维也纳。国际原子能机构的宗旨是加速扩大原子能对全世界和平、健康和繁荣的贡献，并确保由机构本身，或经机构请求，或在其监督管制下提供的援助不用于推进任何军事目的。

核电厂营运单位应急指挥部 Emergency Command Post of a Nuclear Power Plant Operating Organization

核电厂营运单位建立的负责领导本单位应急响应的组织。

核事故或辐射紧急情况援助公约 Convention on Assistance in the Case of a Nuclear Accident or Radiological Emergency

由国际原子能机构组织制定并于 1987 年 2 月 20 日生效的公约。该公约规定了在核事故或辐射紧急情况下有关各缔约国（双边或多边）、缔约国与国际原子能机构间的合作及提供援助的具体条款，以尽量减少事故后果，避免或减少放射性物质释放对生命、财产和环境的影响。我国为该公约签字国。

缓解行动　mitigatory action

营运单位或其他参与者所采取的紧急行动，用以：

（1）减小情况恶化的可能性，避免其造成需要场内或场外应急行动的照射或放射性物质释放的局面；

（2）缓解源的状况，避免其可能导致需要场内或场外应急行动的照射或放射性物质释放的情况。

恢复措施　recovery measure

主要指为恢复自然环境所采取的措施，但也包括为恢复人们正常生活所采取的措施。

及早通报核事故公约　Convention on Early Notification of a Nuclear Accident

由国际原子能机构组织制定并于 1986 年 10 月 27 日生效的公约。该公约主要规定了发生超越边界释放事故时及早通报事故情况的要求和内容。我国为该公约签字国。

紧急防护行动（措施）　urgent protective action

在应急情况下，为有效起见必须迅速（通常在数小时内）采取的防护行动，如有延误则将明显降低其有效性。在核或辐射应急情况下最常考虑的紧急防护行动是撤离、人员去污、隐蔽、呼吸道防护、服碘防护等。

可避免剂量　avertable dose

采取防护措施后可以避免的剂量。

可居留性　habitability

应急响应设施所具有的使人员能在应急状态下继续居留的能力。

联合演习　joint exercise

场内、场外应急组织为提高应急能力，特别是协调配合能力，按统一的演习情景组织所属应急组织的全部或部分单位进行的演练。

练习 drill

为检验、提高和巩固某种具体操作技能而进行的有组织的训练，通常也称作单项演习。

临时居民 transient

旅游者、不住在该地区的雇员、参观人员和其他流动人员等。

农业对策 agricultural countermeasure

为减少生产、销售或消费的食物和农林产品的污染而采取的措施。

培训 training

根据应急工作的需要，对管理人员或专业人员进行的教学训练。

避迁 relocation

应急防护措施之一，指人们从受污染地区的迁移以避免或减少地面沉积外照射的长期累积剂量。其返回原地区的时间为几个月到 1～2 年，或难以预计而不予考虑。

清除 clean up

人们为重新使用受污染区域以减少所接受的辐射剂量而采取的行动，包括去污、污染物的固定或隔离，还包括对清除过程而产生的废物的处置和运出。

剩余剂量 residual dose

在采取防护行动后仍然可能受到的剂量。

食入应急计划区 ingestion emergency planning zone（IEPZ）

针对食入照射途径（食入污染的食物与水的内照射）而建立的应急计划区。

食物和饮水控制 control of food and drinking water

应急防护措施之一，指为控制和减少公众因摄入污染的食物和水产生的危害而采取的措施，包括禁止或限制消费某些污染的食品与水，控制由污染的食物与水转换的产品的加工和使用等。

实践　practice

任何引入附加的照射源或照射途径，或扩大照射人员的范围或改变现有源的照射途径网络，从而使人们受到的照射或受照射的可能性或受照人数增加的人类活动。

事故国　accident state

发生核事故的国家。

事故早期　early phase of accident

按事故释放的时间特征划分的事故进程的不同阶段。一般将事故进程划分为三个阶段：早期、中期和后期。事故早期早期是指由出现明显的放射性物质释放的先兆（即开始认识到可能出现场外辐射后果）到释放开始以后的最初几小时的这段时间。

事故中期　intermediate phase of accident

从开始释放放射性物质后的最初几小时起，一直延续几天到几个星期的这段时间。从这阶段开始，通常大部分释放已经出现，而且，除非仅仅是惰性气体释放，否则，在此阶段大部分放射性物质已沉积于地面。

事故后期（晚期）　late phase of accident

此期间可能持续较长时间，由事故后的几周到几年甚至更长，这取决于释放特点和释放量，但并非指对核设施进行修复的那段时间。

受影响国　affected state

因事故国超越边界的放射性物质释放，已受到或可能受到明显的辐射影响的非事故国家。

特殊居民组　special population group

在特殊设施（医院、敬老院、幼儿园、托儿所、学校、监狱等）内的人员及老弱病残人员。

通报、通知　notification

（1）向国家当局或国际机构迅速提交的，说明应急或潜在应急细节的报告，如《核事故及早通报公约》所要求的。

（2）发现应急情况后立即采取的旨在向在此种情况下负有应急相应责任的所有组织报警的一系列行动。

通报国　notifying state

负责向可能受影响的国家和国际原子能机构通报具有实际的、可能的或可察觉的放射影响的事件或情况的国家。包括：

（1）按照《及早通报核事故公约》第一条，拥有设施或活动（包括外层空间物体）管辖权或控制权的缔约国；

（2）诸如通过以下途径最早探知或发现跨国应急政局的国家：探测到其因不明的大气辐射水平明显增加；探测到跨越国界的运输出现污染；发现可能源于另一国家的危险源；或诊断出可能是在本国以外受到照射而引起的医学症状。

通用干预水平　generic intervention level

在缺乏特定的导出值的情况下，普遍适用所选择的多种事故状况下的防护行动的干预水平。

危险源　dangerous source

如果不加控制则有可能造成足以引起严重确定性效应的照射的源。这一分类用来确定是否有必要做出应急响应安排，因此不要混同于为其他目的的所用源的分类。

稳定性碘　stable iodine

包含有非放射性碘的化合物，当事故已经或可能释放碘的放射性同位素的情况下，将作为一种防护药物分发给居民服用，以降低甲状腺的受照剂量。

烟羽应急计划区　plume emergency planning zone （PEPZ）

针对烟羽照射途径（烟羽浸没外照射、吸入内照射和地面沉积外照射）而建立的应急计划区。

[应急]演习　[emergency] exercise

为检验应急计划的有效性、应急准备的完善性、应急能力的适应性和应急人员的协同性所进行的一种模拟应急响应的实践活动。根据其涉及的内容和范围的不同，可以分为练习（单项演习）、综合演习和联合演习。

演习情景　exercise scenario

为组织和进行演习，对同时或相继发生的事件的描述。这些事件的集合，描述了模拟的事故或与核设施的运行相关的工况。

隐蔽　sheltering

应急防护措施之一，指人员停留于（或进入）屋内，关闭门窗及通风系统。其目的是减少飘过的烟羽中的放射性物质的吸入和外照射剂量，也为了减少来自放射性沉积的外照射剂量。

应急　emergency

某种非常规情况或事件，此时需迅速采取行动，以主要缓解对人体健康和安全、生活质量、财产或环境的危害或有害后果。应急包括核与辐射应急，也包括诸如火灾、危险化学品释放、风暴或地震等常规应急。还包括有必要迅速采取行动以缓解可察觉的危害效应的其他情况。

应急报警　emergency warning

报知发生核事件或核事故并需采取相应应急响应措施的信号。

应急待命　emergency standby

应急级别之一，是指出现可能导致危及工厂安全的某种特定工矿或外部事件。工厂有关人员进入待命状态，场外某些应急组织可能得到通知。

应急等级　emergency class

有必要立即做出相似应急响应的一组条件。这是一个用来向响应组织和公众通知所需响应水平的术语。属于某一应急等级的事件是根据对装置、源或实践的专用准则来确定的，超过规定的准则即表明处在所述水平的级别上。对应于每个应急等级，预先规定了响应组织的最初响应行动。

应急工作人员　emergency worker

为缓解核事故对人体健康和安全、生活质量、财产和环境的后果，执行核应急行动时可能受到超过职业剂量限制照射的工作人员。

应急辐射监测 emergency radiation monitoring

在应急情况下，为发现和查明放射性污染情况和辐射水平而进行的辐射监测。

应急预案 emergency response plan

对应急响应的目标、政策和运作概念以及对有计划、协调一致和有效的响应所需要的组织结构、权利和责任等的一种描述。应急计划是其他预案、程序和检查清单的基础。

应急计划区 emergency planning zone（EPZ）

为在事故时能及时、有效地采取保护公众的防护行动，事先在核电站或某些核设施周围建立的、制订有应急计划并做好应急准备的区域。

应急监测区 emergency monitoring zone

某些核电国家在核电站周围建立的，只制订有应急环境监测计划的区域。该区可看作应急计划区的一种，一般并不制订采取除应急监测以外的其他防护措施计划。监测区和食入应急计划区可能有重叠。

应急阶段 emergency phase

从发现有必要做出应急响应的情况开始，直至预期要采取的或对应急头几个月的预期放射状况进行响应要采取的所有行动都完成的这段时间。该阶段通常在下述情况下结束，即局势已得到控制、场外放射状况已得到充分描述从而可以鉴别出何处需要食品限制和临时避迁，并且已经落实了所需要的所有食品限制和临时避迁。

应急控制中心 emergency control center

各应急组织的主要应急响应设施之一，也称应急管理中心或应急指挥中心。该设施供应急组织在应急期间指挥应急相应行动（包括对事故实施全面管理）及进行与其他已经组织间的协调。

应急通信 emergency communication

在核事故或辐射应急响应期间，运用通信手段传输信息。它是应急响应组织实施指挥的基本手段。应急通信要求迅速、准确、不间断，必要时还须保密。

应急响应［行动］ emergency response［action］

执行行动以缓解应急对人员健康和安全、生活质量、财产和环境的后果。它还可以为恢复社会和经济活动提供基础。

应急响应设施 emergency response facility

用于应急目的的设施。它们将根据有关法规的要求和积极兼容的原则设置，一般包括备用控制点、技术支援中心、应急控制中心、事故后果评价设施、应急监测设施、医学救护设施、后勤支援设施以及应急新闻中心等。

应急行动水平 emergency action level（EAL）

用于测定、确认和确定应急等级的特定、预置和可观测的标准。应急行动水平可能是一台仪器的读数、一台设备的状态或任何可观察到的事件。

应急新闻中心 emergency news center

供应急组织在应急期间同意向新闻媒介和公众发布信息和解答问题的设施。

应急状态分级 emergency classification

应急状态分级是对应急状态按其放射性后果的严重性、核设施保护工作人员和公众的安全水平下降的程度以及对这些状态实施响应所必要的场内、外应急响应行动进行分级。应急等级一经宣布，响应组织应立即启动这一应急等级的预先规定的响应行动。我国已规定四种应急状态级别，即应急待命、厂房应急、场区应急和场外应急（总体应急）。

应急准备 emergency preparedness

为应付核事故或辐射应急而进行的准备工作，包括制订应急计划，建立应急组织，准备必要的应急设施、设备与物资，以及进行人员培训与演习等。

永久性重新安置 permanent resettlement

人们从某一地区的迁出，而这种迁出，无法预期是否能在可预见的将来返回原地区。一般说，他们在新居点的膳食条件将和原地区相当。

预防性撤离 precautionary evacuation

在出现放射性物质释放前，根据严重的工厂条件而实施的人员撤离。

预计剂量 projected dose

事故使个人在不采取任何防护措施的情况下可能接受的辐射剂量的估计值。

临时迁避 temporary relocation

人们从某一区域的迁移，并将在一延长的但又是有限的时间内返回原地区，迁移的目的是避免或减少来自地面沉积放射性的照射。一般情况下，提供人们居住的设施应满足最低程度的舒适性和各个家庭分开居住的要求。

综合演习 comprehensive exercise

有关应急组织，为提高应急能力、检查应急计划与程序，以及加强各应急组织的协调配合，组织负有应急任务的全部或部分单位进行的演练。

安全壳 containment

在反应堆事故状态下，防止不可接受量的放射性物质释放至控制区外的构筑物。

安全壳喷淋系统 containment spray system

为在紧急情况下降低安全壳大气中裂变产物的浓度及安全壳建筑物内的温度和压力而设置的喷水系统。

安全停堆 safe shutdown

满足下列条件的停堆状态：

（1）反应堆反应性按技术条件规定的裕量低于临界；

（2）以可控的速率排出堆心余热，该速率是堆芯和反应堆冷却剂系统热工设计限值不被超过；

（3）保持上述状态所必需的设备和系统在设计限值内运行；

（4）保持剂量在规定限值内的设备和系统运行正常。

安全文化（安全素养） safety culture

人员和单位在保证核设施安全这个头等重要问题得到与其重要性相称

的重视方面的素养和态度之总和。

表面污染控制水平　control level of surface contamination

为控制人的体表以及衣物、设备、土地等表面的放射性污染水平规定的管理限值。

部分照射　partial irradiation

对身体重要部位（胸、胃、腹、身体的一部分）的照射。

动力［反应］堆　power reactor

主要用于产生动力的反应堆。这类反应堆包括：

（1）发电反应堆；

（2）推进反应堆；

（3）供热反应堆。

用于发电的核动力反应堆堆型有压水堆、沸水堆、重水堆、气冷堆、快堆等。

堆芯熔化事故　core melt accident

一种假想的或实际的反应堆事故，其燃料因过热而熔化。

反应堆堆芯　reactor core

反应堆内能进行链式核反应的区域，包括燃料系统、控制棒驱动机构、慢化剂、冷却剂和堆内构件。

放射病　radiation sickness

机体受到较大剂量（>1 Gy）照射，引起全身各系统损伤的全身性疾病。

放射复合伤　injuries combined with radiation damage

除放射损伤外，同时伴有其他因素所致的损伤，如放烧复合伤等。

放射性　radioactivity

某些核素自发地放出粒子或 γ 射线，或在轨道电子俘获后放出 X 射线，或发生自发裂变的性质。

放射性白内障　radiological cataract（radiation cataract）

由电离辐射所致的眼晶状体严重损伤。

放射性半衰期 radioactive half-life 符号 $T_{1/2}$

放射性核素由于放射性衰变使其活度衰减到其一半时所经过的时间。

放射性废物 radioactive waste

在处理或操作放射性物料过程中产生的具有放射性的废物。

放射性浓度 activity concentration 符号 A_v

某物质的活度 A 除以该物质的体积 V 而得的商：

$A_v=A/V$

放射性气溶胶 radioactive aerosol

含有放射性核素的固体或液体微小颗粒在空气或其他气体中形成的分散系。

放射性污染 radioactive contamination

存在于所考虑的物质中（或上）的放射性物质的量超过其天然存在量，并导致技术上的麻烦或辐射危险。

辐射测量装置 radiation measuring equipment

用于测量电离辐射的仪表与装置。

辐射防护最优化 optimization of radiation protection

在考虑了经济和社会的因素之后，保证个人剂量的大小、受照人员以及不一定受到但可能遭受的照射，全部保持在可以合理做到的尽可能低的程度。

辐射工作人员 radiation worker

所从事的本职工作属于辐射工作的人员。

辐射监测仪 radiation monitor

为辐射监测目的而测量电离辐射水平的各种测量仪器的总称。有时特指能在超过预置阈值时发出报警信号的装置。

[电离]辐射生物效应 biological effect of ionizing radiation

由电离辐射直接作用或间接作用而引起的生物体内分子、细胞、器官（或足趾）以及整个机体的改变。

为了辐射防护的目的，［电离］辐射生物效应分随机性效应和确定性效应两大类。

辐射损伤　radiation injury （radiation damage）

机体受电离辐射照射而产生的各种类型、不同程度的损伤效应。

辐射致癌作用　radiation carcinogenesis

辐射诱发细胞癌变的过程。包括白血病和各种实体瘤。辐射致癌是人们最关心的主要随机效应。

干沉积　dry deposition

又称干沉降。与云和降水作用无关、污染物从大气向地表的质量转移过程。颗粒物（气溶胶）主要通过重力沉降、碰撞和扩散等物理过程，气体污染物主要通过小垫面的吸收和反应等化学过程而沉降。

个人剂量计　personal dosimeter

个人能佩戴的用以测量人员受照射剂量的装置。

公众　public

除职业性放射工作人员以外的其他成员的统称。对核设施来说，公众是指居住在其周围的广大居民。

公众照射　public exposure

包括除了职业性和医疗照射以外的所有照射。天然辐射源产生的照射占公众照射的最大成分，但仍需要努力减少较易控制的人工源照射。

过量照射　over exposure

在事故情况下，超过年当量剂量限值的异常照射。

核电厂　nuclear power plant

一个或几个核反应堆以及为了生产电力和安全所需的所有部件、系统和构筑物的总称。核电站可以由一个机组或者由位置相邻或相连的几个机组组成。

核电站　nuclear power station

定义同核电厂。

核动力厂 nuclear power plant

一个或几个核反应堆以及为了生产动力（即热或电）和保证安全所需的所有部件、系统和构筑物的总称。核动力厂包括核电站、核热电厂和核供热厂。

核活动 nuclear activity

放射性物质或核材料的研究、生产、提取、加工、应用、贮存和处置活动，以及放射性物质或材料在陆上、水上和空中等交通线上的运输活动，或任何其他转移、扩散或使用等活动。

核能 nuclear energy

在核裂变或核转变过程中释放出来的所有形式的能量。

核燃料循环 nuclear fuel cycle

在核能生产中核燃料所经历的一系列步骤，包括核材料的采矿、选矿，核燃料的浓缩、制造、利用和贮存，乏燃料后处理，产生的放射性废物的处理和处置活动。

核设施（核装置） nuclear facility （nuclear installation）

用于生产、处理、加工、贮存和使用易裂变材料的构筑物、设备和土地，这些易裂变材料的数量达到必须考虑核安全、核事故和相应的应急规模。

核设施主管部门 Governmental Department or Authority for the Regulation of Nuclear Facility

对核设施营运单位负有领导责任的国务院和省（自治区、直辖市）人民政府的有关行政机关。

后果 consequence

放射性物质释放到环境中引起的结果或影响，特别是预计的剂量或剂量率。

环境监测 environmental monitoring

在操作放射性物质或辐射源的设施边界外面对辐射和放射性所进行的测量，并只限于这些设施所必须进行的那些测量。

缓发效应　delayed radiation effect （late radiation effect）

又称远后效应。照后数月或数年显现出的辐射效应，包括萎缩、纤维化、溃疡、肿瘤和遗传效应。

机组　unit

一个核动力反应堆和为了生产电力所必需的相关设备的总称，包括能提供合理保证设施的运行及对公众健康和安全没有过分危险所要求的那些构筑物、系统和部件等。

急性放射病　acute radiation sickness

人体一次或短时间（数日）内受大剂量作用而引起的全身性疾病。一般说来，一次全身均匀或较均匀受到 1 Gy 的照射时，即有可能产生轻度急性放射病。根据受到照射剂量和病情的发展与表现，急性放射病可分为骨髓型、肠型、脑型放射病三种。

急性效应　acute effect

机体一次或短期内多次受到较大剂量照射后，在几天或几周内出现的各种损伤效应（如各种类型的放射病、皮肤损伤等）。

局部照射　localized irradiation

局限于身体某一小部分的照射。通常是四肢（手、前臂）收窄束射或手拿辐射源时受到的照射。

抗辐射药［剂］　anti-radiation drug（anti-radiation agent）

见辐射防护剂。

空气污染点源　point source of air pollution

集中在一点或一个可当一个点的小范围内空气排放污染物的污染源。

空气污染面源　area source of air pollution

面积大小不可忽略的范围内向空气排放污染物的污染源。

［主］控制室　［main］control room

操作员通过测量仪表和控制设备对全厂的运行过程进行监测和操作的中心。

[放射性] 裂变产物　[radioactivity] fission product

由核裂变产生的放射性核素，也包括由裂变过程产生的核素随后经衰变生成的核素。

裂变气体　fission gas

气态的裂变产物。

慢性照射　chronic exposure

长时期内受低剂量连续或间歇性照射。

内照射　internal exposure

进入人体内的放射性核素作为辐射源对人体产生的照射。

年摄入量限值　annual limit of intake （ALI）

在一年时间内，摄入体内的某一种放射性核素的量所产生的对参考人的待积剂量当量限值。

皮肤辐射损伤　radiation injury of skin

由放射性核素污染体或 X、γ 射线以及 β 辐射的大剂量外照射引起的皮肤损伤。

评价活动　assessment action

在事故期间或事故以后，为实施具体的应急措施做出决策而必须获得和处理的信息所采取的活动。

[裂变产物] 屏蔽　[fission product] barrier

为包容放射性裂变产物，在核燃料和公众之间设置的某些边界或密封壳，如在核电站中的燃料包壳、反应堆一回路压力边界和安区壳。

潜在照射　potential exposure

有可能出现，但并不肯定会出现的照射，或者说是不能确切预期其发生的那类照射。

躯体效应　somatic effect

发生在受照者本人身上的辐射效应。包括各种类型的放射病、皮肤损伤、白内障、肿瘤、白血病等。

取样　sampling

按规定的方法，从一定数量的环境介质中采集少量代表性试样的一种行为、过程或技术。

去污　decontamination

去除或降低放射性污染。

全身照射　whole body exposure

全身或身体大部分受照射。

确定性效应　deterministic effect

辐射的一种健康效应，它通常存在剂量阈值，超过阈值时，效应的严重程度随剂量的增加而增大。如果这种效应是致命的或威胁生命的，或者能导致降低生活质量的永久性伤害，则被描述为“严重确定性效应”。

燃料元件　fuel element

以核燃料为主要组成部分的最小独立结构件。

燃料组件　fuel assembly

组装在一起并在堆芯装料和卸料过程中不拆开的一组燃料元件。

摄入量　intake

通过吸入、食入、伤口或皮肤等途径进入人体的放射性核素的量。

湿沉积　wet deposition

又称湿沉降，是指由于云和降水的作用将污染物从大气中清除地表面的过程。

[核]事件　[nuclear] event

偏离正常运行的工况，即初始事件，或初始事件和单一故障同时发生，或几个事件和故障同时发生。

[核]事故（事故状况）　[nuclear] accident （accident state）

（1）事故工况和严重事故两类状态的统称。

（2）在核安全或辐射防护的范围内，导致或可能导致异常照射条件的事件。

事故照射　accidental exposure

异常照射的一种，指在事故情况下受到的非自主的、意外的照射。

随机效应　stochastic effect

一种由辐射诱发的健康效应，其发生概率随辐射剂量增加而增大，而其（如果发生的话）严重程度与剂量无关。随机性效应可以是躯体效应，也可以是遗传效应，而且其发生通常不存在剂量阈值水平。例如，甲状腺癌和白血病。

天然放射性　natural radioactivity

天然存在的核素具有的放射性。

退役　decommissioning

核设施永久地退出运行的过程。

外照射　external exposure

处在人体之外的辐射源或放射性物质对人体产生的照射。

行动水平　action level

在持续照射或应急照射情况下宜采取补救行动或防护行动的剂量水平或活度浓度水平。行动水平也可以用任何其他可测的量的某个水平来表示，当超出这一水平进行干预。

[反应堆冷却剂]压力边界　[reactor coolant] pressure boundary

在运行温度和压力条件下容纳一回路冷却剂的边界，它同时封闭放射性物质，使向二回路和核电站其他部分的不可控释放限制在容许值内。

烟羽　plume

从烟囱或排气口等连续排放出来的烟气流，外形呈羽毛状，因而得名。

烟羽抬升　plume rise

又称烟云抬升或烟流抬升，是指烟气自烟囱口排入大气后因初始动力和热力作用继续上升，经一段距离后逐渐变平的过程。

研究[反应]堆　research reactor

主要用作基础研究或应用研究的反应堆。这类反应堆主要包括低通量研究反应堆、高通量研究反应堆、脉冲反应堆、材料试验反应堆。

遗传效应　genetic effect

（1）由父亲（或母亲）传给后代的辐射效应，如显现在后代的各种遗传性疾患。

（2）发生在受照者后代身上的有害效应，如胎儿发育异常及遗传性疾病等。

遗传效应属于随机效应。

异常照射　abnormal exposure

当辐射源失去控制时，工作人员和公众成员所接受的可能超过为他们所规定的正常情况的剂量限值的照射。异常照射可分为事故照射和应急照射。

应急照射　emergency exposure

异常照射的一种，是指发生事故或应急情况时，为了营救遇险人员、防止事态扩大、减少人员受照等应急目的采取行动时所受到的照射。在发生严重事故时，工作人员所受的剂量可能不再参照正常剂量限值来控制。但其控制水平一般需经批准，并要求工作人员是自主和受过培训的。

源项　source term

从一给定的源中放射性物质实际的或潜在的释放情况，包括该释放的核素成分、数量、释放率和释放方式。

再悬浮　re-suspension

因土壤的机械扰动和风的作用使污染物从环境表面返回大气的过程。

致死剂量　lethal dose

足以引起死亡的电离辐射剂量。半致死剂量（MLD 或 LD_{50}）是指在受到同样照射的足够大的生物群体中，在受照以后的指定时间内，使群体的一半致死所需的辐射剂量。人的半致死剂量是 3～3.5 Gy。

纵深防御　defense in depth

对于一个给定的安全目标采用多种防护措施，使得即使早期防护措施中的一个失效的情况下，至少能部分地达到该安全目标。

阻断　blocking

在放射性核素进入体内之前或进入同时，给与该放射性核素的稳定同位素，以阻止或减少放射性核素在器官内沉积的方法。例如，服用稳定碘可以有效地减少放射性碘在甲状腺内的沉积。

参考文献

[1] 施仲齐. 核或辐射应急的准备与响应[M].北京：原子能出版社，2010.

[2] 国家核安全局. HAF 102—2016 核动力厂设计安全规定[S]. 2016.

[3] International Atomic Energy Agency. 核或辐射应急的准备与响应（GSR Part 7）[R]. Vienna：IAEA，2016.

[4] 施仲齐，纪道庄. 核事故应急响应教程[M]. 北京：原子能出版社，1993.

[5] 《中华人民共和国核与辐射安全法律法规规章全书》编写组. 中华人民共和国核与辐射安全法律法规规章全书[M]. 北京：法律出版社，2017.

[6] 中华人民共和国全国人大常委会. 中华人民共和国突发事件应对法[S]. 北京：法律出版社，2007.

[7] 中华人民共和国全国人大常委会. 中华人民共和国放射性污染防治法[S]. 北京：法律出版社，2003.

[8] 中华人民共和国全国人大常委会. 核电厂核事故管理条例[S]. 北京：法律出版社，1994.

[9] 国家环保总局核安全司. 辐射安全与防护的法律法规选编[M]. 北京：原子能出版社，2006.

[10]国务院办公厅. 突发事件应急预案管理办法[S]. 北京：国务院办公厅，2013.

[11] 国务院办公厅. 国家核应急预案[S]. 北京：国务院办公厅，2013.

[12] 李尧远. 应急预案管理[M]. 北京：北京大学出版社，2013.

[13] 王永红. 福岛核事故应急[M].北京：国防工业出版社，2015.

[14] 王中堂，柴国旱. 日本福岛核事故[M]. 北京：中国原子能出版社，

2014.

[15] 吴小海，赵满运，屈岩，等. 我国核应急机制的建设现状及建议[J]. 四川兵工学报，2012（5）：63-64.

[16] 李继开. 核事故应急响应应概论[M]. 北京：原子能出版社，2010.

[17] 郭力生，耿秀生. 核辐射事故医学应急[M]. 北京：原子能出版社，2004.

[18] 凌永生，施仲齐，王醒宇. 操作干预水平缺省值的修正和重新计算[J]. 辐射防护通讯，2004，24（1）：27-30.

[19] 徐潇潇，张建岗，汤荣耀，等. 反应堆事故应急操作干预水平制定的研究进展[J]. 辐射防护，2017，37（6）：515-522.

[20] 于红，刘咏梅. 国内核电厂应急照射情况下干预准则与 IAEA 相关导则的比较[J]. 核动力工程，2015，36（3）：50-53.

[21] 刘刚，王天婧，汪焕. 核电厂操作干预水平初步研究和应用[J]. 当代化工研究，2017（2）：37-38.

[22] 付熙明，袁龙，刘英. 核事故应急响应中操作干预水平的分析[J]. 中国医学装备，2015（4）：28-32.

[23] 李小银，王善强. 核与辐射恐怖事件应急响应人员的防护要求[J]. 防化研究，2015（3）：31-36.

[24] 来永芳，王永红. 核与辐射恐怖事件中的公众指导[J]. 防化学报，2009，111（3）：48-50.

[25] 付熙明，袁龙. 核与辐射应急人员剂量控制水平分析[J]. 中国辐射卫生，2016，25（3）：265-268.

[26] 李冰，杨端节，吴德强. 核与辐射应急照射情况下公众照射的防护[J]. 辐射防护，2017，37（2）：81-86.

[27] 凌永生，王醒宇，施仲齐，等. 基于 OIL 的核应急防护行动决策支持系统的研究与开发[J]. 核科学与工程，2013，33（1）：106-112.

[28] 陈竹舟，叶常青. 如何应对核与辐射恐怖[M]. 北京：科学出版社，2006.

[29] 叶常青. 我国核与辐射事故应急关键技术及公众防护对策研究进展[J]. 中华放射医学与防护，2011，31（2）：119-121.

[30] 许定，毛天露，郜建伟. 核事故应急撤离管理[M]. 上海：上海交通大学出版社，2016.

[31]岳会国. 核事故应急准备与响应手册[M]. 北京：中国环境科学出版社，2012.

[32] 张齐昊，赵伟，褚胜男，等. 耐辐照核应急机器人研究现状及关键技术分析[J]. 核科学与工程，2019，39（4）：629-645.

[33] 陈莹莹，陈鹏，李冰，等. 我国与美国的核电厂应急设施设计准则比较分析[J]. 哈尔滨工程大学学报，2018（3）：433-438.

[34] 韩善彪，吕雪艳，任建保，等. 航空辐射监测发展现状和建议[J]. 核电子学与探测技术，2019，39（1）：111-117.

[35] 刘志农，张金阳，周海龙. 核事故应急救援洗消装备建设研究[J]. 防化研究，2012（2）：54-58.

[36]陈荣. 我国核事故应急演习工作研究与建议[J]. 辐射防护，2018，38（3）：240-245.

[37] 孙志刚，张国君，郭里，等. 省级核应急演习的思考与对策[J]. 中国核电，2016，9（2）：191-193.

[38] 沈大伟，李冰，过毅，等. 核事故应急演习模式的探索[J]. 核安全，2016 15（2）：41-45.